Sudipta Dey
Tathagata Roy Chowdhury

Desvendando a caixa preta: Aprendizagem profunda prática e IA explicável

Sudipta Dey
Tathagata Roy Chowdhury

Desvendando a caixa preta: Aprendizagem profunda prática e IA explicável

ScienciaScripts

Imprint

Any brand names and product names mentioned in this book are subject to trademark, brand or patent protection and are trademarks or registered trademarks of their respective holders. The use of brand names, product names, common names, trade names, product descriptions etc. even without a particular marking in this work is in no way to be construed to mean that such names may be regarded as unrestricted in respect of trademark and brand protection legislation and could thus be used by anyone.

Cover image: www.ingimage.com

This book is a translation from the original published under ISBN 978-3-659-39670-0.

Publisher:
Sciencia Scripts
is a trademark of
Dodo Books Indian Ocean Ltd. and OmniScriptum S.R.L publishing group

120 High Road, East Finchley, London, N2 9ED, United Kingdom
Str. Armeneasca 28/1, office 1, Chisinau MD-2012, Republic of Moldova, Europe
Managing Directors: Ieva Konstantinova, Victoria Ursu
info@omniscriptum.com

Printed at: see last page
ISBN: 978-620-8-22410-3

Índice

Redes Neuronais Alimentares (FNNs) 2

Redes Neuronais Convolucionais (CNNs).. 14

Redes Neuronais Recorrentes (RNNs) 26

IA explicável (XAI).. 40

Implementação do projeto na FNN 108

Referências... 144

Redes Neuronais Alimentares (FNNs)

Introdução

As redes neuronais feedforward (FNN) são um componente fundamental da aprendizagem automática e da inteligência artificial, constituindo a espinha dorsal de muitas aplicações modernas de IA. Também conhecidas como perceptrons multicamadas (MLPs), as FNNs são um tipo de rede neural artificial em que as ligações entre os nós não formam ciclos, o que as distingue das redes neurais recorrentes (RNNs), que têm loops de feedback. Esta natureza acíclica simplifica a arquitetura e o treino das FNNs, tornando-as adequadas para uma vasta gama de aplicações.

As FNNs são concebidas para aproximar funções complexas, o que as torna particularmente úteis para tarefas como a classificação e a regressão. A classificação envolve a atribuição de dados de entrada a categorias predefinidas, enquanto a regressão envolve a previsão de um resultado contínuo com base em caraterísticas de entrada. O poder das FNNs reside na sua capacidade de aprender estes mapeamentos a partir de dados, generalizando assim a partir de exemplos específicos para instâncias não vistas. Esta capacidade de generalização é fundamental para a criação de modelos com bom desempenho não só nos dados de treino, mas também em novos dados do mundo real.

O conceito de redes neuronais, incluindo as FNN, é inspirado nos processos biológicos do cérebro humano. Os neurónios do cérebro processam e transmitem informações através de ligações sinápticas. Esta inspiração biológica traduz-se em neurónios artificiais numa FNN, que estão interligados para formar uma rede capaz de aprender com os dados. Cada neurónio artificial processa as entradas, aplica uma soma ponderada e produz uma saída através de uma função de ativação. Isto imita a forma como os neurónios biológicos processam e transmitem informação, permitindo às FNNs efetuar cálculos complexos e aprender com a experiência.

A importância das FNNs reside na sua versatilidade e eficácia na modelação de relações complexas entre entradas e saídas. São particularmente eficazes em tarefas que exigem o reconhecimento de padrões, como o reconhecimento de imagens e de voz, bem como em problemas de análise de regressão e classificação. As FNNs podem captar padrões complexos nos dados, o que as torna ferramentas essenciais em vários domínios, incluindo a visão computacional, o processamento de linguagem natural (PNL) e a análise preditiva. Na visão computacional, as FNNs são utilizadas para identificar e classificar padrões visuais em tarefas como a deteção de objectos, o reconhecimento facial e a classificação de imagens. Na PNL, as FNNs ajudam a compreender e a gerar linguagem humana, permitindo aplicações como a tradução de línguas, a análise de sentimentos e a geração de texto. Na análise preditiva, as FNNs são utilizadas para prever tendências futuras com base em dados históricos, ajudando nos processos de tomada de decisões em diferentes sectores.

O desenvolvimento das FNNs remonta a meados do século XX, com avanços significativos ao longo das décadas. O modelo inicial, conhecido como perceptron, foi introduzido por Frank Rosenblatt em 1958. O perceptron era uma rede neural simples, de camada única, capaz de aprender a classificar dados linearmente separáveis. Apesar das suas limitações, o perceptron lançou as bases para modelos de redes neuronais mais complexos. O verdadeiro avanço veio com a introdução de arquitecturas multicamadas, que permitiram a criação de redes mais profundas, capazes de modelar relações não lineares. Estas redes multicamadas, ou redes neuronais profundas, podem captar padrões hierárquicos nos dados, melhorando consideravelmente as suas capacidades de aprendizagem.

Outro avanço fundamental foi o algoritmo de retropropagação, introduzido por Rumelhart, Hinton e Williams em 1986. O backpropagation forneceu um método eficiente para calcular o gradiente da função de perda em relação a cada peso da rede. Isso permitiu o uso da otimização de descida de gradiente para atualizar iterativamente os pesos e minimizar o erro, melhorando assim o desempenho da rede. O algoritmo de retropropagação tornou viável o treino de redes profundas, abrindo caminho para o desenvolvimento de técnicas modernas de aprendizagem profunda.

As FNNs tiveram um impacto profundo no domínio da inteligência artificial e da aprendizagem automática. Permitiram o desenvolvimento de modelos capazes de realizar uma vasta gama de tarefas com elevada precisão e eficiência. Os princípios e técnicas desenvolvidos para as FNNs influenciaram a conceção de arquitecturas de redes neuronais mais avançadas, como as redes neuronais convolucionais (CNNs) e as redes neuronais recorrentes (RNNs). O aperfeiçoamento e a aplicação contínuos das FNNs prometem abrir novas possibilidades e melhorar as capacidades dos sistemas de IA. À medida que a investigação avança, é de esperar que surjam modelos e aplicações ainda mais sofisticados, impulsionando a inovação e os avanços tecnológicos em vários sectores.

Em conclusão, as redes neurais feedforward (FNN) são uma pedra angular da IA moderna e da aprendizagem automática. O seu desenvolvimento revolucionou o campo, permitindo a criação de modelos poderosos capazes de lidar com tarefas complexas. Os avanços históricos, aliados às suas aplicações versáteis, sublinham a importância das FNNs na condução do futuro da inteligência artificial.

Noções básicas de redes neurais

As redes neuronais são compostas por camadas de nós, também designadas por neurónios. Estas camadas incluem normalmente uma camada de entrada, uma ou mais camadas ocultas e uma camada de saída. Cada neurónio de uma camada está ligado a todos os neurónios da camada seguinte, formando o que se designa por rede totalmente ligada ou densa. A estrutura e o funcionamento fundamentais das redes neuronais são cruciais para compreender como estas processam e aprendem com os dados.

Modelo de neurónio

Um único neurónio, a unidade básica de uma rede neuronal, funciona calculando uma soma ponderada das suas entradas, adicionando um termo de polarização e aplicando uma função de ativação para produzir uma saída. Esse processo pode ser representado matematicamente como:

$$\square = \square\left(\sum_{\square=1}^{\square} \square_\square \square_\square \right) + \square$$

onde:

- $\square_\square$ são as entradas
- $\square_\square$ são os pesos associados a cada entrada
- $\square$ é o termo de polarização
- $\square$ é a função de ativação.

A função de ativação $\square$ introduz a não-linearidade no modelo, permitindo que a rede aprenda padrões complexos. As funções de ativação mais comuns incluem a função sigmoide, a função tangente hiperbólica (tanh) e a unidade linear rectificada (ReLU).

Camadas em redes neurais

As redes neuronais estão organizadas em diferentes tipos de camadas, cada uma servindo um objetivo específico na cadeia de processamento de dados.

Camada de entrada: A camada de entrada é a primeira camada da rede neural e recebe os dados brutos de entrada. Cada neurónio da camada de entrada corresponde a uma caraterística dos dados de entrada. Por exemplo, numa rede concebida para processar imagens, cada neurónio pode representar o valor de um pixel. A camada de entrada não efectua qualquer cálculo; limita-se a passar os valores de entrada para a camada seguinte.

Camadas ocultas: As camadas ocultas são camadas intermédias entre as camadas de entrada e de saída. Essas camadas realizam os cálculos principais da rede. Cada neurónio de uma camada oculta recebe entradas da camada anterior, processa-as e passa a saída para a camada seguinte. O número de camadas ocultas e o número de neurónios em cada camada são hiperparâmetros que têm de ser ajustados com base na tarefa e no conjunto de dados específicos. As camadas ocultas transformam os dados de entrada em representações mais abstractas, captando padrões e caraterísticas complexas.

O cálculo numa camada oculta pode ser expresso como:

$$h^{\square} = \square(\square^{\square}\square^{\square-1} + \square^{\square})$$

onde:

- $h^{\square}$ é a saída da $\square$ —camada oculta,
- $\square^{\square}$ é a matriz de pesos para a $\square$ —camada,
- $\square^{\square-1}$ é a ativação da camada anterior (ou os dados de entrada para a primeira camada oculta),
- $\square^{\square}$ é o vetor de polarização para a $\square$ —camada,
- $\square$ é a função de ativação.

Camada de saída: A camada de saída é a camada final da rede e produz a previsão da rede. Nos problemas de classificação, cada neurónio da camada de saída representa uma classe e a rede produz uma distribuição de probabilidade sobre as classes. Nos problemas de regressão, a camada de saída é normalmente constituída por um único neurónio ou por vários neurónios que representam os valores previstos. A função de ativação utilizada na camada de saída depende da tarefa específica. Para a classificação, são normalmente utilizadas as funções softmax ou sigmoide, enquanto que para a regressão pode ser aplicada uma função de ativação linear.

O cálculo da camada de saída pode ser representado como:

$$\square = \square(\square^{\square}\square^{\square-1} + \square^{\square})$$

em que $\square$ é a saída da rede.

Processo de aprendizagem

As redes neuronais aprendem ajustando os pesos e os enviesamentos com base nos erros das suas previsões. Esse processo de aprendizagem é iterativo e envolve várias passagens sobre os dados de treinamento. O objetivo principal é minimizar a diferença entre os resultados previstos e os valores-alvo reais, quantificados por uma função de perda.

O processo de aprendizagem envolve normalmente as seguintes etapas:

1. **Propagação progressiva**: Durante a propagação progressiva, os dados de entrada são passados através da rede, camada por camada, para produzir uma saída. Em cada camada, a soma ponderada das entradas é calculada, a polarização é adicionada e a função de ativação é aplicada. A saída final é comparada com os valores-alvo reais utilizando uma função de perda para calcular o erro.
2. **Propagação para trás**: A propagação para trás, ou retropropagação, é o processo de calcular os gradientes da função de perda em relação a cada peso e polarização na rede. Isso é feito usando a regra da cadeia do cálculo para propagar o erro para trás, da camada de saída para a camada de entrada. Os gradientes indicam a direção e a magnitude dos ajustes necessários para minimizar a perda.
3. **Actualizações de pesos e desvios**: Uma vez calculados os gradientes, os pesos e os enviesamentos são actualizados utilizando um algoritmo de otimização, tipicamente de descida de gradiente. A regra de atualização para cada peso www é

$$\Box \leftarrow \Box - \Box \frac{\Box\Box}{\Box\Box}$$

onde $\Box$ é a taxa de aprendizagem, e $\frac{\Box\Box}{\Box\Box}$ é o gradiente da função de perda em relação ao peso.
4. **Iteração e Convergência**: As etapas de propagação para frente e para trás são repetidas em várias épocas, com cada época envolvendo uma passagem completa pelo conjunto de dados de treinamento. Os parâmetros da rede são actualizados iterativamente até a perda convergir para um valor mínimo ou deixar de melhorar significativamente.

As redes neuronais, através deste processo de aprendizagem iterativo, ajustam os seus parâmetros para minimizar o erro e melhorar o seu desempenho numa determinada tarefa. Esta capacidade de aprender com os dados e generalizar para novos exemplos é o que torna as redes neuronais ferramentas poderosas para uma vasta gama de aplicações em aprendizagem automática e inteligência artificial.

Fundamentos matemáticos das redes neurais feedforward (FNN)

Propagação para a frente

A propagação progressiva é o processo de cálculo da saída de cada camada da rede neuronal a partir de uma entrada. Esse processo envolve uma seqüência de operações que transformam os dados de entrada à medida que passam pelas camadas da rede, produzindo, por fim, uma saída.

Computação da camada oculta: Em cada camada oculta, a saída é calculada utilizando uma matriz de pesos, um vetor de polarização e uma função de ativação. Matematicamente, isto pode ser expresso como:

$$h^{\square} = \square(\square^{\square}\square^{\square-1} + \square^{\square})$$

onde:

- $h^{\square}$ é a saída da $\square$ $-$camada oculta
- $\square^{\square}$ é a matriz de pesos para a $\square$ $-$camada
- $\square^{\square-1}$ é a ativação da camada anterior (ou os dados de entrada para a primeira camada oculta)
- $\square^{\square}$ é o vetor de polarização da $\square$ $-$camada
- $\square$ é a função de ativação.

Computação da camada de saída: A camada de saída produz a saída final da rede. Tal como nas camadas ocultas, a saída é calculada utilizando uma matriz de pesos, um vetor de polarização e uma função de ativação:

$$\square = \square(\square^{\square}\square^{\square-1} + \square^{\square})$$

onde:

- $\square$ é o resultado da rede
- $\square^{\square}$ é a matriz de pesos da camada de saída
- $\square^{\square-1}$ é a ativação da última camada oculta
- $\square^{\square}$ é o vetor de polarização para a camada de saída.

Funções de ativação

As funções de ativação introduzem a não linearidade no modelo, permitindo que a rede aprenda padrões complexos. Sem a não-linearidade, a rede seria equivalente a um modelo linear de camada única, independentemente do número de camadas.

Função sigmoide: A função sigmoide é normalmente utilizada em redes neurais, especialmente para problemas de classificação binária. Ela mapeia os valores de entrada para o intervalo (0, 1):

$$\square(\square) = \frac{1}{1 + \square^{-\square}}$$

A curva em forma de S da função sigmoide permite-lhe modelar probabilidades e suavizar gradientes, mas pode sofrer de gradientes que desaparecem para valores de entrada muito altos ou baixos.

ReLU (Unidade Linear Retificada): A ReLU é uma das funções de ativação mais populares nas redes neuronais modernas, devido à sua simplicidade e eficácia. A saída da entrada é direta se for positiva; caso contrário, a saída é zero:

$$\square\square\square\square(\square) = \square\square\square(0, \square)$$

$\square\square\square\square$ ajuda a mitigar o problema do gradiente de desaparecimento, levando a uma convergência mais rápida no treino de redes profundas. No entanto, pode sofrer do problema "dying ReLU", em que os neurónios ficam inactivos se produzirem zero de forma consistente.

Função tanh: A função tanh mapeia os valores de entrada para o intervalo (-1, 1), centrando os dados e conduzindo frequentemente a melhores propriedades de convergência em comparação com a função sigmoide:

$$\tanh(x) = \frac{e^{x} - e^{-x}}{e^{x} + e^{-x}}$$

O Tanh tem gradientes mais acentuados do que o sigmoide e a saída centrada em zero, o que o torna mais adequado para o treino de redes mais profundas.

Estas funções de ativação desempenham um papel crucial para permitir que as redes neuronais modelem relações complexas e não lineares nos dados. Ao introduzir a não linearidade, permitem que a rede aprenda e aproxime funções complexas que captam os padrões subjacentes nos dados.

Treinamento de redes neurais feedforward

O treinamento de uma rede neural feedforward (FNN) envolve o ajuste dos pesos e das polarizações da rede para minimizar o erro entre as saídas previstas e os valores-alvo reais. Este processo iterativo requer vários componentes-chave: uma função de perda para medir o erro, um algoritmo de otimização para atualizar os pesos e as tendências e um método sistemático para aplicar estas actualizações.

Função de perda

Uma função de perda, também conhecida como função de custo ou função objetivo, quantifica a diferença entre a saída prevista da rede e o valor alvo real. Fornece uma medida do desempenho da rede, orientando o processo de otimização para melhorar a precisão do modelo.

Erro quadrático médio (MSE):

Para tarefas de regressão, o erro quadrático médio (MSE) é uma função de perda comummente utilizada. O MSE mede a diferença média ao quadrado entre os valores-alvo reais e os valores previstos. É definido como:

$$MSE = \frac{1}{n} \sum_{i=1}^{n} (y_i - \hat{y}_i)^2$$

onde:

- y_i é o valor real do objetivo para a i-amostra,
- $\hat{y}_i$ é o valor previsto para a i-ésima amostra,
- n é o número de amostras.

O MSE penaliza erros maiores de forma mais significativa porque os erros são elevados ao quadrado. Isso o torna particularmente sensível a valores atípicos, garantindo que a rede aprenda a minimizar discrepâncias significativas entre as previsões e os valores reais.

Perda de entropia cruzada:

Para tarefas de classificação, especialmente classificação binária e multi-classe, a perda de entropia cruzada é frequentemente utilizada. Mede a diferença entre duas distribuições de probabilidade: a distribuição verdadeira das etiquetas e a distribuição prevista.

- **Classificação binária**:
  Para a classificação binária, a perda de entropia cruzada é definida como:
  $$\text{Cross - Entropy Loss} = -\frac{1}{N}\sum_{i=1}^{N}\left[y_i \log(\hat{y}_i) + (1 - y_i)\log(1 - \hat{y}_i)\right]$$
  onde:
  - y_i é o valor-alvo binário efetivo (0 ou 1) para a i-ésima amostra,
  - $\hat{y}_i$ é a probabilidade prevista da classe positiva para a i-ésima amostra,
  - N é o número de amostras.
- Esta fórmula calcula a perda de log para cada amostra e calcula a média de todas as amostras, penalizando as previsões que são confiantes mas incorrectas.
- **Classificação multi-classe**:
  Para a classificação multi-classe, onde existem classes CCC, a perda de entropia cruzada é generalizada como:
  $$\text{Cross - Entropy Loss} = -\frac{1}{N}\sum_{i=1}^{N}\sum_{c=1}^{C} y_{ic}(\hat{y}_{ic})$$
  onde:
  - C é o número de classes,
  - y_{ic} é a probabilidade efectiva da classe c para a i-amostra (normalmente 0 ou 1),
  - $\hat{y}_{ic}$ é a probabilidade prevista da classe c para a i-ésima amostra,
  - N é o número de amostras.
- Esta fórmula garante que as probabilidades previstas do modelo são penalizadas se se desviarem das probabilidades da classe verdadeira, incentivando o modelo a melhorar a sua confiança nas previsões corretas.

Procedimento de formação

O processo de formação de uma FNN envolve os seguintes passos:

1. **Inicialização**:
   - Os pesos e as polarizações da rede são inicializados, normalmente com pequenos valores aleatórios.
2. **Propagação para a frente**:
   - Os dados de entrada são passados através da rede, camada a camada, para calcular o resultado previsto. Isto implica o cálculo da soma ponderada das entradas, a adição de desvios e a aplicação de funções de ativação em cada camada.
3. **Cálculo de perdas**:
   - A função de perda calcula o erro comparando as saídas previstas com os valores-alvo reais.
4. **Propagação para trás**:

- Os gradientes da função de perda em relação a cada peso e polarização são calculados usando a regra da cadeia do cálculo. Esse processo, conhecido como retropropagação, envolve a propagação do erro para trás através da rede.

5. **Actualizações de peso e de desvio**:
   - Os pesos e os enviesamentos são actualizados utilizando um algoritmo de otimização, tipicamente de descida gradiente. A regra de atualização para cada peso www é:

$$\square \leftarrow \square - \square \frac{\square\square}{\square\square}$$

$$\square \leftarrow \square - \square \frac{\square\square}{\square\square}$$

em que $\square$ é a taxa de aprendizagem, $\square$ é a função de perda, e $\frac{\square\square}{\square\square}$ são os gradientes da perda em relação aos pesos e aos desvios.

6. **Iteração**:
   - As etapas de propagação para a frente, cálculo da perda, propagação para trás e atualização do peso/preconceito são repetidas durante várias épocas (iterações sobre todo o conjunto de dados) até a perda convergir para um valor mínimo ou deixar de diminuir significativamente.

Algoritmos de otimização

Podem ser utilizados vários algoritmos de otimização para atualizar os pesos e os enviesamentos durante o treino. O mais simples e mais utilizado é a descida de gradiente, mas outros algoritmos mais avançados, como a descida de gradiente estocástica (SGD), a descida de gradiente em mini-lote, Adam, RMSprop e Adagrad, também são populares. Estes algoritmos diferem na forma como ajustam a taxa de aprendizagem e tratam os gradientes, conduzindo frequentemente a uma convergência mais rápida e a um melhor desempenho.

Em resumo, o treinamento de uma rede neural feedforward envolve um processo sistemático e iterativo de otimização dos parâmetros da rede para minimizar o erro, medido por uma função de perda. Ajustando efetivamente os pesos e as polarizações, a rede aprende a fazer previsões precisas e a generalizar bem para dados novos e não vistos.

Aplicações das redes neuronais feedforward (FNN)

As redes neurais feedforward (FNN) são amplamente utilizadas em vários domínios devido à sua versatilidade e eficácia na modelação de relações complexas nos dados. Neste artigo, analisamos algumas das aplicações mais comuns e impactantes das FNNs.

Reconhecimento de imagens

Deteção de objectos: As FNNs, particularmente as Redes Neurais Convolucionais (CNNs), revolucionaram o campo do reconhecimento de imagens. Elas são hábeis na deteção e classificação de objectos em imagens. Esta capacidade é crucial em aplicações como a condução autónoma, em que o sistema precisa de reconhecer peões, veículos e sinais de trânsito para navegar em segurança.

Reconhecimento facial: As FNNs podem identificar e verificar indivíduos com base nas suas caraterísticas faciais. Esta tecnologia é amplamente utilizada em sistemas de segurança para controlo de acesso e em plataformas de redes sociais para marcação e autenticação. Os sistemas avançados de reconhecimento facial podem analisar expressões faciais para inferir emoções, o que pode ser aplicado nos sectores do serviço ao cliente e do entretenimento.

Processamento de linguagem natural (PNL)

Análise de sentimentos: As FNNs podem determinar o sentimento expresso num texto, por exemplo, identificar se uma avaliação de um produto é positiva ou negativa. Esta aplicação é valiosa para as empresas compreenderem o feedback dos clientes e melhorarem os seus produtos e serviços.

Tradução de línguas: As redes neuronais alimentam os sistemas de tradução automática que traduzem texto de uma língua para outra. Por exemplo, o sistema de tradução automática neural da Google utiliza FNNs para fornecer traduções exactas e fluentes, quebrando as barreiras linguísticas e facilitando a comunicação global.

Geração de texto: As FNNs podem gerar texto coerente e contextualmente relevante. Esta capacidade é utilizada em chatbots para dar respostas semelhantes às humanas, na criação de conteúdos para gerar artigos ou publicações em redes sociais e na modelação de linguagem para ajudar na digitação preditiva e nas funcionalidades de preenchimento automático.

Reconhecimento de voz

Assistentes de voz: Tecnologias como a Siri, Alexa e Google Assistant baseiam-se em FNNs para compreender e responder a comandos de voz. Estes sistemas utilizam algoritmos avançados de reconhecimento de voz para processar entradas em linguagem natural e fornecer respostas relevantes, melhorando a interação e a acessibilidade do utilizador.

Serviços de transcrição: As FNNs permitem a transcrição automática da linguagem falada em vários contextos, incluindo ditados médicos, procedimentos legais e interações de serviço ao cliente. Estes sistemas podem converter a fala em texto com elevada precisão, melhorando a eficiência e a acessibilidade da documentação.

Previsão de séries temporais

Previsão da bolsa de valores: As FNNs podem analisar os preços históricos das acções e prever tendências futuras, ajudando nas decisões de investimento. Ao modelar padrões financeiros complexos, estas redes ajudam os comerciantes e investidores a fazer escolhas informadas, aumentando potencialmente os seus rendimentos.

Previsão meteorológica: As redes neuronais modelam padrões meteorológicos complexos para prever as condições meteorológicas futuras. Esta capacidade contribui para previsões mais precisas, que são essenciais para a agricultura, a preparação para catástrofes e o planeamento diário.

Previsão da procura: As empresas utilizam FNNs para prever a procura futura de produtos e serviços. A previsão exacta da procura ajuda a otimizar a gestão do inventário, a reduzir as rupturas de stock e a melhorar a eficiência da cadeia de fornecimento.

Diagnóstico médico

Imagiologia médica: As FNNs podem detetar anomalias em imagens médicas, como a identificação de tumores em exames de ressonância magnética ou doenças pulmonares em radiografias de tórax. Estas redes ajudam os radiologistas a diagnosticar doenças de forma mais precisa e eficiente.

Análise preditiva da saúde: As redes neuronais analisam os dados dos pacientes para prever a probabilidade de desenvolvimento de determinadas condições. Isto permite uma intervenção precoce e planos de tratamento personalizados, melhorando os resultados dos pacientes e reduzindo os custos dos cuidados de saúde.

Sistemas autónomos

Carros autónomos: Os veículos autónomos utilizam FNNs para processar dados de sensores, reconhecer objectos e navegar em segurança através de vários ambientes. Essas redes são cruciais para a tomada de decisões em tempo real, como evitar obstáculos e seguir as regras de trânsito.

Robótica: As FNNs permitem que os robôs executem tarefas complexas, como a manipulação de objectos, o planeamento de percursos e a interação humana. Em ambientes industriais, os robôs equipados com FNNs podem automatizar tarefas repetitivas, aumentar a precisão e melhorar a produtividade.

Serviços financeiros

Deteção de fraudes: As FNNs são utilizadas nos serviços financeiros para a deteção de fraudes, analisando padrões de transacções e identificando actividades suspeitas. Isto ajuda a prevenir crimes financeiros e a proteger os clientes.

Negociação algorítmica: Na negociação algorítmica, as FNNs analisam os dados do mercado e identificam tendências para tomar decisões de negociação informadas. Isto conduz a estratégias de negociação mais eficientes e rentáveis.

Serviço ao cliente: As FNNs são utilizadas no serviço ao cliente para análise de sentimentos e interações com chatbots, melhorando a satisfação do cliente ao fornecer respostas atempadas e precisas.

Monitorização ambiental

Análise das alterações climáticas: As FNNs são utilizadas para analisar imagens de satélite e dados climáticos para estudar os efeitos das alterações climáticas. Isto ajuda a compreender e a atenuar o impacto das alterações ambientais.

Conservação da vida selvagem: As FNNs ajudam na conservação da vida selvagem, analisando imagens de armadilhas fotográficas para monitorizar as populações de animais e os seus habitats. Esta informação é crucial para os esforços de conservação e para a elaboração de políticas.

Deteção de desastres naturais: As FNNs são utilizadas na deteção de catástrofes naturais, como inundações, furacões e incêndios florestais, através da análise de imagens de satélite e de outras fontes de dados. A deteção precoce ajuda na preparação e resposta a catástrofes.

Retalho e comércio eletrónico

Recomendação de produtos: As FNNs analisam as preferências e os comportamentos dos clientes para recomendar produtos. Isto melhora a experiência de compra e aumenta as vendas.

Pesquisa visual: As FNNs permitem capacidades de pesquisa visual em que os utilizadores podem carregar uma imagem para encontrar produtos semelhantes numa loja em linha. Esta funcionalidade aumenta o envolvimento e a conveniência do utilizador.

Gestão de stocks: As FNNs são utilizadas para monitorizar os níveis de inventário e prever a procura, optimizando os níveis de stock e reduzindo as faltas.

Jogos

IA para jogos: as FNNs são utilizadas para criar comportamentos inteligentes em personagens não-jogadores (NPCs) em jogos de vídeo. Isto melhora a experiência de jogo ao proporcionar adversários mais realistas e desafiantes.

Geração de conteúdos processuais: As FNNs ajudam a gerar conteúdo de jogo, como níveis, mapas e enredos, criando experiências únicas e envolventes para os jogadores. Isto também reduz o tempo e o esforço necessários para a criação manual de conteúdos.

Análise do comportamento do jogador: As FNNs analisam o comportamento do jogador para fornecer experiências personalizadas, tais como níveis de dificuldade adaptáveis e campanhas de marketing direcionadas. Isto ajuda a reter os jogadores e a aumentar o envolvimento.

Conclusão

As redes neurais feedforward (FNN) são uma tecnologia fundamental no domínio da inteligência artificial e da aprendizagem automática. Provaram ser altamente eficazes na modelação de relações complexas entre entradas e saídas, tornando-as aplicáveis a uma vasta gama de tarefas.

Ao longo desta exploração exaustiva, abordámos a arquitetura, os fundamentos matemáticos, os processos de formação e as várias extensões das FNNs. Também destacámos as suas aplicações em diferentes domínios, demonstrando a sua versatilidade e impacto.

O desenvolvimento e o aperfeiçoamento contínuos das FNNs e das suas variantes, como as Redes Neuronais Convolucionais (CNNs) e as Redes Neuronais Recorrentes (RNNs), impulsionaram avanços significativos na IA. À medida que a investigação progride, é de esperar que surjam modelos e aplicações ainda mais sofisticados, transformando ainda mais as indústrias e melhorando a nossa vida quotidiana.

Redes Neuronais Convolucionais (CNNs)

Introdução

As Redes Neuronais Convolucionais (CNN) transformaram drasticamente o panorama da inteligência artificial, especialmente em domínios que exigem a análise de dados visuais e sequenciais. Tornaram-se a pedra angular de numerosas aplicações avançadas de IA, incluindo o reconhecimento de imagens e vídeos, o processamento de linguagem natural e até desempenham um papel fundamental em tarefas mais complexas, como a condução autónoma e a análise de imagens médicas.

As CNNs são um tipo especializado de rede neural profunda explicitamente concebida para lidar com dados com uma topologia semelhante a uma grelha, como as imagens. Esta capacidade resulta da sua conceção estrutural única, inspirada no córtex visual humano. Nos sistemas de visão biológica, os neurónios do córtex visual estão organizados de forma a responderem a estímulos dentro de uma região confinada do campo visual, conhecida como campo recetivo. Esta capacidade de resposta localizada é fundamental para processar e interpretar eficazmente a informação visual, permitindo que os organismos reconheçam padrões e formas.

Analogamente, as CNN estão estruturadas de forma a imitar este processo. São constituídas por várias camadas de neurónios artificiais, em que cada camada aplica operações específicas aos dados de entrada, transformando-os progressivamente para extrair níveis mais elevados de abstração. Os principais componentes das CNN incluem camadas convolucionais, camadas de pooling e camadas totalmente ligadas.

As camadas convolucionais são os blocos de construção fundamentais das CNNs. Aplicam uma série de filtros convolucionais aos dados de entrada, deslizando efetivamente pela imagem para captar padrões locais, como arestas, texturas e outras caraterísticas fundamentais. Estes filtros são concebidos para serem aprendidos, o que significa que são optimizados durante o processo de formação para detetar as caraterísticas mais relevantes para uma determinada tarefa. A conetividade local das camadas convolucionais garante que cada neurónio está ligado apenas a uma pequena região da entrada, preservando as hierarquias espaciais e reduzindo o número de parâmetros em comparação com as redes totalmente ligadas.

As camadas de pooling são normalmente inseridas entre camadas convolucionais sucessivas para reduzir progressivamente as dimensões espaciais dos mapas de caraterísticas. Esta operação, conhecida como "down-sampling", ajuda a reter a informação mais significativa e a eliminar os pormenores redundantes. As operações comuns de agrupamento incluem o agrupamento máximo, que seleciona o valor máximo de um fragmento do mapa de caraterísticas, e o agrupamento médio, que calcula o valor médio. Ao reduzir a dimensionalidade, as camadas de pooling contribuem para tornar a rede mais eficiente do ponto de vista computacional e robusta às variações espaciais da entrada.

Depois de várias camadas convolucionais e de pooling, as caraterísticas de alto nível extraídas da imagem de entrada são achatadas e introduzidas numa ou mais camadas totalmente ligadas. Estas camadas funcionam de forma semelhante às redes neuronais tradicionais, em que cada neurónio está ligado a todos os neurónios da camada anterior. As camadas totalmente ligadas sintetizam as caraterísticas em previsões finais, quer se trate de pontuações de classe para tarefas de classificação ou de valores contínuos para tarefas de regressão.

O processo de aprendizagem hierárquica das CNN permite-lhes aprender automaticamente e de forma adaptativa hierarquias espaciais de caraterísticas a partir de imagens de entrada. Nas camadas iniciais, a rede capta padrões simples, como arestas e texturas. À medida que os dados progridem através de camadas mais profundas, a rede começa a reconhecer padrões mais complexos, como formas e objectos. Esta abordagem hierárquica permite que as CNN tenham um desempenho excecional em várias tarefas de visão por computador.

Uma das vantagens significativas das CNN em relação às redes tradicionais totalmente ligadas é a sua conetividade local e a partilha de parâmetros. Numa rede totalmente ligada, cada neurónio está ligado a todos os neurónios da camada anterior, o que resulta num vasto número de parâmetros. Em contrapartida, as camadas convolucionais nas CNN utilizam pesos partilhados, o que significa que o mesmo filtro é aplicado em diferentes regiões da entrada. Isto não só reduz o número de parâmetros como também aumenta a capacidade da rede para detetar caraterísticas independentemente da sua posição na entrada.

A eficiência dos parâmetros e a capacidade de captar hierarquias espaciais tornam as CNN mais eficazes e mais fáceis de treinar do que as redes totalmente ligadas. Esta eficiência é particularmente benéfica quando se lida com grandes conjuntos de dados e modelos complexos, uma vez que reduz os recursos computacionais necessários para a formação, mantendo um elevado desempenho.

O impacto das CNNs na inteligência artificial tem sido profundo. Estabeleceram novos padrões de referência em vários domínios, desde alcançar um desempenho sobre-humano em desafios de classificação de imagens até permitir a deteção e segmentação de objectos em tempo real em vídeos. As suas aplicações vão para além da visão computacional, abrangendo áreas como o processamento de linguagem natural, onde são utilizadas para tarefas como a classificação de frases e a análise de sentimentos, tirando partido da sua capacidade de captar padrões locais em dados de texto.

Em suma, as Redes Neuronais Convolucionais são um avanço inovador na IA, fornecendo meios robustos e eficientes para processar e compreender dados complexos. A sua conceção, inspirada no sistema visual humano, permite-lhes destacar-se em tarefas que requerem uma análise espacial detalhada, tornando-as ferramentas indispensáveis no domínio em constante evolução da inteligência artificial.

Arquitetura das Redes Neuronais Convolucionais (CNN)

A arquitetura de uma Rede Neuronal Convolucional (CNN) foi concebida para processar e classificar imagens através da extração e análise de caraterísticas hierárquicas. Cada componente da arquitetura desempenha um papel crucial na transformação da imagem de entrada numa pontuação de classe de saída ou num conjunto de mapas de caraterísticas. Segue-se uma explicação exaustiva dos principais componentes da arquitetura de uma CNN.

Camada de entrada

A camada de entrada é o ponto de partida de uma CNN e contém os valores brutos de pixéis da imagem de entrada. Para imagens coloridas, esta camada tem normalmente três canais correspondentes aos espaços de cor vermelho, verde e azul (RGB). As dimensões da camada de entrada dependem da resolução e do número de canais de cor na imagem.

Por exemplo, uma imagem de entrada de 32x32 pixéis com três canais de cor terá uma camada de entrada de dimensões 32x32x3. A camada de entrada passa simplesmente os valores brutos dos pixéis para a camada seguinte, sem qualquer modificação. Esta camada não envolve qualquer computação, mas é essencial para alimentar a rede com os dados da imagem.

Camadas convolucionais

As camadas convolucionais são os principais blocos de construção de uma CNN e são responsáveis pela extração automática de caraterísticas. Estas camadas aplicam um conjunto de filtros aprendíveis (também conhecidos como kernels) à imagem de entrada. Cada filtro desliza (convolve) sobre as dimensões espaciais da imagem de entrada, efectuando um produto escalar entre os valores do filtro e os pixels de entrada cobertos pelo filtro em cada posição.

Matematicamente, a operação de convolução para uma imagem de entrada III e um filtro KKK pode ser expressa como:

$$(\Box * \Box)(\Box, \Box) = \sum_{\Box} \sum_{\Box} \Box(\Box + \Box, \Box + \Box)\Box(\Box, \Box)$$

Onde $\Box(\Box, \Box)$ é o valor do pixel na posição $(\Box, \Box)$ na imagem de entrada, e $\Box(\Box, \Box)$ é o valor do filtro na posição $(\Box, \Box)$.

A saída de uma camada convolucional é um conjunto de mapas de caraterísticas, cada um correspondendo a um filtro diferente. Estes mapas de caraterísticas realçam vários aspectos da imagem de entrada, tais como arestas, texturas e padrões. A profundidade da camada convolucional (ou seja, o número de filtros) determina o número de mapas de caraterísticas produzidos.

Os principais parâmetros das camadas convolucionais incluem:

- **Tamanho do filtro**: As dimensões do filtro (por exemplo, 3x3, 5x5).
- **Passo**: O tamanho do passo pelo qual o filtro se move através da imagem de entrada. Um passo de um move o filtro um pixel de cada vez, enquanto um passo de dois move-o dois pixéis de cada vez.
- **Preenchimento**: A adição de pixels extra à volta da borda da imagem de entrada. O preenchimento pode ser 'válido' (sem preenchimento) ou 'igual' (preenchimento de modo a que o tamanho de saída seja igual ao tamanho de entrada).

Camadas de pooling

As camadas de agrupamento, também conhecidas como camadas de subamostragem ou de redução da amostragem, reduzem as dimensões espaciais dos mapas de caraterísticas. Esta redução ajuda a reter as informações mais importantes e a eliminar os dados redundantes, controlando assim o sobreajuste e reduzindo a carga computacional.

Agrupamento máximo: O agrupamento máximo seleciona o valor máximo de um fragmento do mapa de caraterísticas. Por exemplo, utilizando uma 2×2 janela de pooling, a operação pode ser descrita como:

$$\square(\square, \square) = \square\square\square\{\square(\square \times 2, \square \times 2), \square(\square \times 2, \square \times 2 + 1), \square(\square \times 2 + 1, \square \times 2), \square(\square \times 2 + 1, \square \times 2 + 1)\}$$

em que $\square$ é o mapa de caraterísticas de entrada e $\square$ é o mapa de caraterísticas agrupadas.

Agrupamento de médias: O agrupamento médio calcula o valor médio de um fragmento do mapa de caraterísticas:

$$\square(\square, \square) = \frac{1}{\square^2} \sum_{\square=0}^{\square-1} \sum_{\square=0}^{\square-1} \square(\square \times \square + \square, \square \times \square + \square)$$

em que $\square$ é a dimensão da janela de agrupamento.

As camadas de pooling ajudam a tornar a rede invariável a pequenas translações e distorções na imagem de entrada, melhorando a sua robustez e capacidades de generalização.

Camadas totalmente ligadas

As camadas totalmente ligadas (também conhecidas como camadas densas) são utilizadas no final da arquitetura da CNN para realizar a tarefa final de classificação ou regressão. Estas camadas pegam nas caraterísticas de alto nível extraídas pelas camadas convolucionais e de pooling e combinam-nas para produzir o resultado final.

Antes de passar os mapas de caraterísticas para a camada totalmente ligada, estes são achatados num vetor unidimensional. Se a entrada para a camada totalmente ligada for um conjunto de mapas de caraterísticas de tamanho $h \times \square \times \square$ é transformado num vetor de tamanho $h \cdot \square \cdot \square$.

Numa camada totalmente ligada, cada neurónio está ligado a todos os neurónios da camada anterior. A operação pode ser descrita matematicamente como:

$$\square = \square\square + \square$$

onde:

- $\square$ é o vetor de saída,
- $\square$ é a matriz de pesos,
- $\square$ é o vetor de entrada,
- $\square$ é o vetor de polarização.

As camadas totalmente conectadas permitem que a rede aprenda combinações não lineares das caraterísticas de alto nível e as sintetize na previsão final.

Funções de ativação

As funções de ativação introduzem a não linearidade no modelo, permitindo-lhe aprender e modelar padrões complexos. Sem funções de ativação, a rede neuronal estaria limitada a transformações lineares e não seria capaz de captar relações complexas nos dados.

ReLU (Unidade Linear Rectificada): A função de ativação ReLU é definida como:

$$\square\square\square\square(\square) = \square\square\square(0, \square)$$

A ReLU é popular porque acelera a convergência da descida do gradiente estocástico em comparação com as funções sigmoide/tanh. Também ajuda a atenuar o problema do gradiente decrescente.

Função Sigmoide: A função sigmoide é definida como:

$$\square(\square) = \frac{1}{1 + \square^{-\square}}$$

A função sigmoide mapeia os valores de entrada para o intervalo (0, 1), tornando-a útil para tarefas de classificação binária. No entanto, pode sofrer do problema do gradiente decrescente.

Função Tanh: A função tanh é definida como:

$$\square\square\square h(\square) = \frac{\square^{\square} - \square^{-\square}}{\square^{\square} + \square^{-\square}}$$

A função tanh mapeia os valores de entrada para o intervalo (-1, 1). Tal como a função sigmoide, pode sofrer do problema do gradiente de desaparecimento, mas tem resultados centrados em zero, o que pode ajudar no treino.

Função softmax: A função softmax é normalmente utilizada na camada de saída das redes de classificação para produzir uma distribuição de probabilidade sobre as classes. Ela é definida como:

$$\square\square\square\square\square\square\square(\square_{\square}) = \frac{\square^{\square_{\square}}}{\sum_{\square} \square^{\square_{\square}}}$$

A função softmax garante que os valores de saída somam 1, tornando-os interpretáveis como probabilidades.

Camada de saída

A camada de saída é a camada final da CNN e produz o resultado final da classificação ou regressão. Para as tarefas de classificação, a camada de saída tem normalmente tantos neurónios quantas as classes existentes e é aplicada uma função de ativação softmax para gerar probabilidades para cada classe. Para tarefas de regressão, a camada de saída consiste normalmente num único neurónio ou em vários neurónios que representam os valores contínuos previstos, muitas vezes com uma função de ativação linear.

Em suma, a arquitetura de uma CNN é concebida para transformar progressivamente a imagem de entrada num conjunto de caraterísticas de alto nível e, por fim, na saída final, através de uma série de camadas convolucionais, de agrupamento e totalmente ligadas. Cada componente da arquitetura desempenha um papel crucial na extração e no processamento de caraterísticas, permitindo à CNN realizar tarefas complexas, como o reconhecimento e a classificação de imagens, com elevada precisão e eficiência.

Aplicações das Redes Neuronais Convolucionais (CNN)

As Redes Neuronais Convolucionais (CNN) revolucionaram muitos domínios devido à sua capacidade de captar hierarquias e padrões espaciais nos dados. A sua versatilidade e eficiência tornam-nas adequadas para uma vasta gama de aplicações, para além do reconhecimento de imagens e vídeos. Segue-se uma exploração abrangente de várias aplicações de CNNs em diferentes domínios.

Reconhecimento de imagem e vídeo

Deteção de objectos: As CNNs são amplamente utilizadas em tarefas de deteção de objectos, em que o objetivo é identificar e localizar objectos numa imagem ou vídeo. Modelos como o Faster R-CNN, o YOLO (You Only Look Once) e o SSD (Single Shot MultiBox Detetor) tiram partido das arquitecturas CNN para obter uma elevada precisão e desempenho em tempo real.

Reconhecimento facial: No reconhecimento facial, as CNNs são utilizadas para identificar e verificar indivíduos através da análise das suas caraterísticas faciais. Esta tecnologia é amplamente utilizada em sistemas de segurança, plataformas de redes sociais e dispositivos móveis para efeitos de autenticação.

Compreensão da cena: A compreensão de cenas envolve o reconhecimento e a interpretação de vários elementos de uma imagem ou vídeo para compreender o contexto geral. As CNN são utilizadas para realizar tarefas como a legendagem de imagens, em que a rede gera uma descrição textual da cena.

Processamento de linguagem natural (PNL)

Classificação de frases: As CNNs são aplicadas em tarefas de classificação de frases, onde categorizam frases em classes predefinidas. Isto é útil para a deteção de spam, classificação de intenções em chatbots e categorização de tópicos.

Análise de sentimentos: Na análise de sentimentos, as CNNs são utilizadas para determinar o sentimento expresso num texto, como positivo, negativo ou neutro. Isto é particularmente útil na monitorização de redes sociais, análises de produtos e análise de feedback de clientes.

Geração de texto: As CNNs também podem ser utilizadas para a geração de texto, onde aprendem a gerar texto coerente e contextualmente relevante com base na entrada. Isto tem aplicações na criação automática de conteúdos, sistemas de diálogo e tradução de línguas.

Análise de imagens médicas

Diagnóstico de doenças: As CNNs são utilizadas para analisar imagens médicas, como radiografias, ressonâncias magnéticas e tomografias computorizadas, para detetar anomalias e diagnosticar doenças. Por exemplo, as CNN podem identificar tumores, fracturas e outras condições patológicas com elevada precisão.

Segmentação de imagens: Na imagiologia médica, as CNNs são utilizadas para a segmentação de imagens, em que o objetivo é dividir uma imagem em segmentos significativos para análise posterior. Isto é crucial para identificar e isolar regiões de interesse, como órgãos ou tumores.

Telemedicina: As CNN permitem o diagnóstico e a consulta à distância em telemedicina, analisando imagens médicas carregadas pelos doentes e fornecendo avaliações preliminares. Isto melhora o acesso aos serviços de saúde, especialmente em zonas remotas.

Veículos autónomos

Deteção e seguimento de objectos: As CNNs são componentes críticos dos sistemas de perceção em veículos autónomos. Processam dados de câmaras e outros sensores para identificar objectos, como peões, veículos e sinais de trânsito, e seguir os seus movimentos.

Deteção de faixa de rodagem: As CNNs são utilizadas para a deteção de faixas de rodagem, onde identificam as marcações da faixa de rodagem na estrada para garantir que o veículo se mantém na sua faixa. Isto é essencial para a assistência na manutenção da faixa de rodagem e para a condução autónoma.

Deteção de obstáculos: As CNN ajudam a detetar obstáculos na estrada, como detritos, animais ou outros veículos. Esta informação é utilizada para tomar decisões em tempo real para evitar colisões e garantir uma navegação segura.

Realidade Aumentada (AR) e Realidade Virtual (VR)

Deteção de objectos em tempo real: Nas aplicações de RA, as CNNs permitem a deteção e o reconhecimento de objectos em tempo real, melhorando a interação entre os mundos real e virtual. Por exemplo, as aplicações de RA podem identificar e rotular objectos no ambiente do utilizador.

Compreensão de cenas: As CNNs melhoram a compreensão de cenas em RV, reconhecendo e interpretando o ambiente virtual, permitindo experiências mais imersivas e interactivas. Isto é utilizado em jogos, simulações de formação e visitas virtuais.

Reconhecimento de gestos: As CNN são utilizadas para o reconhecimento de gestos, identificando e interpretando os gestos do utilizador para controlar aplicações de RA e RV. Isto melhora a experiência do utilizador ao proporcionar métodos de interação intuitivos e naturais.

Robótica

Visão de robôs: As CNN são utilizadas na robótica para permitir tarefas baseadas na visão, como o reconhecimento de objectos, a navegação e a manipulação. Os robôs equipados com sistemas de visão baseados em CNN podem identificar e interagir com objectos no seu ambiente.

Navegação autónoma: Na navegação autónoma, as CNNs ajudam os robôs a compreender o que os rodeia e a navegar em ambientes complexos. Isto inclui tarefas como o planeamento de caminhos, a prevenção de obstáculos e o mapeamento.

Automação industrial: As CNNs são utilizadas na automação industrial para controlo de qualidade, deteção de defeitos e monitorização da linha de montagem. Podem inspecionar os produtos para detetar defeitos e garantir elevados padrões de fabrico.

Agricultura

Monitorização das culturas: As CNNs são utilizadas na agricultura para monitorizar a saúde das culturas através da análise de imagens aéreas obtidas por drones. Podem detetar sinais de doenças, deficiências de nutrientes e infestações de pragas.

Previsão de rendimento: As CNNs ajudam a prever o rendimento das culturas através da análise de vários factores, como a qualidade do solo, as condições meteorológicas e a saúde das plantas. Esta informação é valiosa para os agricultores optimizarem a sua produção.

Colheita automatizada: As CNNs são utilizadas em sistemas de colheita automatizados para identificar frutas e legumes maduros, permitindo uma colheita precisa e eficiente. Isto reduz os custos de mão de obra e aumenta a produtividade.

Segurança e vigilância

Deteção de intrusão: As CNNs são utilizadas em sistemas de segurança para deteção de intrusões, onde analisam feeds de vídeo para identificar entradas não autorizadas ou actividades suspeitas. Isto aumenta a segurança de edifícios e instalações.

Reconhecimento facial para segurança: As CNNs são utilizadas em sistemas de reconhecimento facial para identificar e verificar indivíduos para controlo de acesso e vigilância. Esta tecnologia é amplamente utilizada em aeroportos, escritórios e instalações seguras.

Deteção de anomalias: As CNN ajudam a detetar anomalias nas imagens de vigilância, como movimentos ou comportamentos invulgares, que podem indicar potenciais ameaças à segurança. Isto permite a adoção de medidas de segurança proactivas.

Serviços financeiros

Deteção de fraudes: As CNN são utilizadas nos serviços financeiros para a deteção de fraudes, analisando padrões de transação e identificando actividades suspeitas. Isto ajuda a prevenir crimes financeiros e a proteger os clientes.

Negociação algorítmica: Na negociação algorítmica, as CNNs analisam os dados do mercado e identificam tendências para tomar decisões de negociação informadas. Isto conduz a estratégias de negociação mais eficientes e rentáveis.

Serviço ao cliente: As CNNs são utilizadas no serviço ao cliente para análise de sentimentos e interações com chatbots, melhorando a satisfação do cliente ao fornecer respostas atempadas e precisas.

Monitorização ambiental

Análise das alterações climáticas: As CNN são utilizadas para analisar imagens de satélite e dados climáticos para estudar os efeitos das alterações climáticas. Isto ajuda a compreender e a atenuar o impacto das alterações ambientais.

Conservação da vida selvagem: As CNNs ajudam na conservação da vida selvagem, analisando imagens de armadilhas fotográficas para monitorizar as populações de animais e os seus habitats. Esta informação é crucial para os esforços de conservação e para a elaboração de políticas.

Deteção de desastres naturais: As CNN são utilizadas na deteção de catástrofes naturais, como inundações, furacões e incêndios florestais, através da análise de imagens de satélite e de outras fontes de dados. A deteção precoce ajuda na preparação e resposta a catástrofes.

Astronomia

Classificação de galáxias: As CNN são utilizadas para classificar galáxias e outros objectos celestes em imagens astronómicas. Ajudam os astrónomos a classificar grandes conjuntos de dados e a identificar fenómenos interessantes.

Deteção de exoplanetas: Ao analisar as curvas de luz de estrelas distantes, as CNNs podem detetar a presença de exoplanetas. Este método é utilizado para encontrar planetas fora do nosso sistema solar.

Análise de imagens astronómicas: As CNNs ajudam a analisar imagens astronómicas de alta resolução, a identificar estruturas e a detetar anomalias no espaço.

Retalho e comércio eletrónico

Recomendação de produtos: As CNNs analisam as preferências e os comportamentos dos clientes para recomendar produtos. Isto melhora a experiência de compra e aumenta as vendas.

Pesquisa visual: As CNNs permitem capacidades de pesquisa visual em que os utilizadores podem carregar uma imagem para encontrar produtos semelhantes numa loja em linha. Esta funcionalidade aumenta o envolvimento e a conveniência do utilizador.

Gestão de stocks: As CNNs são utilizadas para monitorizar os níveis de inventário e prever a procura, optimizando os níveis de stock e reduzindo as faltas.

Conclusão

As Redes Neuronais Convolucionais (CNN) tornaram-se uma pedra angular no domínio da inteligência artificial e da aprendizagem automática, especialmente em aplicações que envolvem dados visuais e não só. A sua arquitetura, inspirada no córtex visual humano, permite-lhes captar eficazmente hierarquias e padrões espaciais nos dados, tornando-as ferramentas altamente versáteis e poderosas para uma vasta gama de tarefas.

Do reconhecimento de imagem e vídeo ao processamento de linguagem natural, ao diagnóstico médico e aos sistemas autónomos, as CNN têm demonstrado um desempenho e uma adaptabilidade notáveis. A capacidade de aprender automaticamente e de forma adaptável a partir dos dados permite que as CNNs se destaquem em tarefas como a deteção de objectos, o reconhecimento facial, a análise de sentimentos, o reconhecimento da fala, a previsão de séries temporais e muitas outras.

Técnicas avançadas como a aprendizagem por transferência, o aumento de dados, a normalização de lotes, o abandono, as redes residuais (ResNets) e os mecanismos de atenção melhoraram ainda mais as capacidades das CNN. Estas inovações abordam desafios críticos no treino de redes profundas, como o sobreajuste, gradientes de desaparecimento e convergência lenta, permitindo que as CNNs obtenham resultados de ponta em tarefas cada vez mais complexas.

O impacto das CNNs estende-se a vários sectores, incluindo os cuidados de saúde, finanças, agricultura, entretenimento, cibersegurança e telecomunicações. Revolucionaram a forma como abordamos os problemas nestes domínios, impulsionando a inovação e melhorando a eficiência e a precisão em inúmeras aplicações.

À medida que a investigação e o desenvolvimento em redes neuronais continuam a avançar, o futuro reserva ainda mais potencial para as CNNs. Com as melhorias contínuas na potência computacional, nas técnicas de otimização e na disponibilidade de dados, as CNNs estão preparadas para enfrentar novos desafios e desbloquear novos avanços na inteligência artificial. A sua capacidade de aprender e generalizar a partir dos dados garante que continuarão a ser parte integrante do desenvolvimento de sistemas e soluções inteligentes, alargando os limites do que é possível na IA.

Para concluir, as CNN representam uma tecnologia fundamental na evolução da inteligência artificial, oferecendo capacidades inigualáveis na análise e interpretação de dados complexos. A sua versatilidade, aliada a avanços contínuos, posiciona-as como uma ferramenta fundamental na procura contínua de desenvolver sistemas de IA mais inteligentes, mais eficientes e mais capazes.

Redes Neuronais Recorrentes (RNNs)

Introdução

As redes neurais recorrentes (RNN) são uma classe de redes neurais artificiais concebidas para reconhecer padrões em sequências de dados, como séries cronológicas, linguagem natural e áudio. Ao contrário das redes neurais feedforward, as RNNs têm conexões que se repetem, criando ciclos na rede. Esta caraterística permite que as RNNs mantenham um estado e "recordem" entradas anteriores, o que é crucial para tarefas em que a ordem das entradas é significativa.

As RNNs são inspiradas na natureza sequencial da cognição humana, em que as experiências passadas influenciam as decisões actuais. Esta dinâmica temporal torna as RNNs particularmente adequadas para tarefas que exigem a compreensão do contexto e das dependências sequenciais, como a modelação da linguagem, o reconhecimento da fala e a previsão de séries temporais.

O desenvolvimento das RNNs começou nas décadas de 1980 e 1990, mas elas ganharam uma atenção significativa com o advento de recursos computacionais mais potentes e conjuntos de dados maiores. Apesar do seu potencial, as RNNs tradicionais enfrentaram desafios como o desaparecimento e a explosão de gradientes, o que prejudicou a sua capacidade de captar dependências a longo prazo. Inovações como a memória de longo prazo de curto prazo (LSTM) e as unidades recorrentes fechadas (GRUs) resolveram esses problemas, tornando as RNNs mais eficazes para uma ampla gama de aplicações.

Arquitetura da RNN

A arquitetura de uma RNN básica consiste numa série de nós organizados em camadas. Cada nó, ou neurónio, na camada oculta recebe dados dos dados de entrada actuais e do seu próprio estado anterior, criando um ciclo.

Componentes da arquitetura RNN:

- **Camada de entrada**: Esta camada recebe os dados da sequência. Em cada passo de tempo □a entrada é □□.
- **Camada oculta**: A camada oculta mantém um estado $h_□$ que é influenciado pela entrada atual □□ e o estado oculto anterior $h_{□-1}$. O estado oculto actua como uma memória, armazenando informações de passos de tempo anteriores.
- **Camada de saída**: Esta camada produz a saída □□em cada passo de tempo, que pode ser utilizado para várias tarefas, como a classificação ou a previsão.

Representação matemática: O estado oculto e a saída em cada passo de tempo □ são calculados da seguinte forma:

$$h_□ = □(□_{□h}□_□ + □_{hh}h_{□-1} + □_h)$$

$$□_□ = \phi(□_{h□}h_□ + □_□)$$

onde:

- $□_{□h}$ é a matriz de pesos para a entrada no estado oculto,
- $□_{hh}$ é a matriz de pesos do estado oculto para o estado oculto,
- $□_{h□}$é a matriz de pesos do estado oculto para a saída,

- □$_h$ e □$_□$ são os vectores de polarização,
- □ é a função de ativação (normalmente tanh ou ReLU),
- ϕ é a função de ativação para a camada de saída (softmax para tarefas de classificação).

Propagação para a frente em RNN

Na propagação progressiva, a sequência de entrada é processada um elemento de cada vez. A entrada atual, combinada com o estado oculto anterior, é utilizada para calcular o novo estado oculto e a saída. Este processo é repetido para cada passo de tempo na sequência.

Processo passo-a-passo:

1. **Inicialização**: Inicializar o estado oculto h_0 para um vetor zero.
2. **Sequência de processamento**:
   - Para cada passo de tempo □:
     - Calcular o novo estado oculto $h_□$ utilizando a entrada atual □$_□$ e o estado oculto anterior $h_{□-1}$.
     - Calcular a saída □$_□$ utilizando o estado oculto atual $h_{□-1}$.

   Equações matemáticas:

   $$h_□ = □(□_{□h}□_□ + □_{hh}h_{□-1} + □_h)$$

   $$□_□ = \phi(□_{h□}h_□ + □_□)$$

   Exemplo: Considere uma RNN simples que processa uma sequência de palavras para análise de sentimentos. Cada palavra é representada como um vetor xtx_txt. A RNN calcula o estado oculto hth_tht e a previsão de sentimento yty_tyt em cada passo de tempo. O estado oculto hth_tht capta o contexto das palavras anteriores, permitindo à RNN compreender o sentimento global da frase.

Propagação para trás através do tempo (BPTT)

O Backward Propagation Through Time (BPTT) é o algoritmo de treinamento usado para RNNs. Ele estende o algoritmo de retropropagação padrão para lidar com seqüências, permitindo que a rede aprenda dependências temporais.

Etapas do BPTT:

1. **Passagem em frente**: Computa os estados ocultos e as saídas para toda a sequência.
2. **Calcular** a perda: Calcular a perda □ com base na diferença entre as saídas previstas e os objectivos reais.
3. **Passe para trás**:
   - Para cada passo de tempo □ (em ordem inversa):
     - Calcular os gradientes da perda em relação aos pesos e desvios.
     - Acumular os gradientes ao longo dos passos de tempo para atualizar os pesos e os enviesamentos.

Equações matemáticas:

Seja □ a função de perda, e seja $\frac{\delta\square}{\square\square_\square}$ seja o gradiente da perda em relação à saída no passo de tempo □.

$$\frac{\partial L}{\partial W_{hy}} = \sum_t \frac{\partial L}{\partial y_t} \frac{\partial y_t}{\partial W_{hy}}$$
$$\frac{\partial L}{\partial W_{hh}} = \sum_t \left(\sum_{k=t}^{T} \frac{\partial L}{\partial y_k} \frac{\partial y_k}{\partial h_k} \right) \frac{\partial h_t}{\partial W_{hh}}$$
$$\frac{\partial L}{\partial W_{xh}} = \sum_t \left(\sum_{k=t}^{T} \frac{\partial L}{\partial y_k} \frac{\partial y_k}{\partial h_k} \right) \frac{\partial h_t}{\partial W_{xh}}$$

Desafios:

- **Desaparecimento de gradientes**: Os gradientes podem tornar-se muito pequenos, dificultando a atualização dos pesos e a aprendizagem das dependências a longo prazo.
- **Gradientes que explodem**: Os gradientes podem tornar-se muito grandes, causando actualizações instáveis.

Para atenuar estes problemas, são utilizadas técnicas como o recorte de gradiente e arquitecturas avançadas como LSTM e GRU.

Tipos de RNNs

São concebidos diferentes tipos de arquitecturas RNN para lidar com várias tarefas e estruturas de sequência. Os principais tipos incluem:

1. Vanilla RNN:

- A forma mais simples de RNN, em que cada estado oculto está ligado ao estado oculto seguinte e à saída atual.
- Adequado para tarefas sequenciais básicas, mas tem dificuldades com dependências a longo prazo devido a problemas de desaparecimento e explosão de gradientes.

2. Memória de curto prazo longa (LSTM):

- Introduzido para dar resposta às limitações dos RNNs de baunilha, incorporando células de memória e mecanismos de gating.
- Capaz de aprender eficazmente as dependências a longo prazo.

3. Unidade recorrente fechada (GRU):

- Uma alternativa mais simples ao LSTM com menos parâmetros.
- Combina as portas de esquecimento e de entrada numa única porta de atualização, tornando-a computacionalmente eficiente.

4. RNN bidirecional (BiRNN):

- Consiste em duas RNNs que processam a sequência nas direcções para a frente e para trás.

- Proporciona uma compreensão mais abrangente da sequência, considerando contextos futuros e passados.

5. Codificador-Decodificador RNN:

- Normalmente utilizado em tarefas de sequência para sequência, como a tradução automática.
- O codificador processa a sequência de entrada e gera um vetor de contexto, que o descodificador utiliza para gerar a sequência de saída.

Aplicações das Redes Neuronais Recorrentes (RNN)

As Redes Neuronais Recorrentes (RNN) são ferramentas versáteis que se destacam no processamento de dados sequenciais e na captação de dependências temporais. A sua arquitetura única permite-lhes ser aplicadas numa vasta gama de domínios. Aqui, exploramos em pormenor várias aplicações-chave das RNNs, incluindo aplicações adicionais para além das habitualmente conhecidas.

1. Modelação da língua

A modelação de linguagem envolve a previsão da palavra seguinte numa frase, o que é fundamental para várias aplicações:

- **Geração de texto**: As RNN podem gerar texto coerente e contextualmente relevante, prevendo palavras subsequentes com base no input fornecido. Isto é utilizado na escrita criativa, na geração automática de conteúdos e nas respostas de chatbots.
- **Autocompletar**: Nos motores de busca e editores de texto, as RNNs melhoram a experiência do utilizador ao prever e sugerir a palavra ou frase seguinte, acelerando a escrita e melhorando a precisão.
- **Tradução automática**: As arquitecturas RNN codificador-descodificador são fundamentais na tradução de texto de uma língua para outra. O codificador processa a frase de entrada num vetor de contexto e o descodificador gera a frase traduzida na língua de chegada.

Exemplo: O sistema de tradução automática neural da Google utiliza RNNs para melhorar a fluência e a exatidão das traduções entre várias línguas.

2. Reconhecimento de fala

O reconhecimento da fala converte a linguagem falada em texto através da análise da sequência de sinais de áudio. As RNNs são adequadas para esta tarefa devido à sua capacidade de lidar com dependências temporais:

- **Assistentes de voz**: Tecnologias como Siri, Alexa e Google Assistant dependem de RNNs para entender e responder a comandos de voz. As RNNs processam o sinal de áudio, reconhecendo palavras e frases para executar tarefas.
- **Serviços de transcrição**: A transcrição automática da linguagem falada em vários contextos, como ditados médicos, processos judiciais e interações de serviço ao cliente, é possível graças às RNNs. Estas transcrevem áudio para texto com elevada precisão, melhorando a eficiência da documentação.

Exemplo: O DeepSpeech da Mozilla utiliza RNNs para fornecer uma conversão de voz para texto precisa e eficiente.

3. Previsão de séries temporais

As RNNs prevêem valores futuros com base em dados históricos, o que as torna ferramentas valiosas em vários sectores:

- **Previsão da bolsa de valores**: As RNNs analisam os preços históricos das acções para prever tendências futuras, ajudando os investidores a tomar decisões informadas. A capacidade de captar padrões temporais ajuda a identificar potenciais movimentos do mercado.
- **Previsão meteorológica**: As redes neuronais modelam padrões meteorológicos complexos para prever condições futuras, como a temperatura, a precipitação e a velocidade do vento. Isto conduz a previsões meteorológicas mais precisas e fiáveis.
- **Previsão da procura**: As empresas utilizam RNNs para prever a procura futura de produtos e serviços, optimizando a gestão de stocks, as operações da cadeia de fornecimento e a atribuição de recursos.

Exemplo: A manutenção preditiva na indústria transformadora utiliza RNNs para prever falhas de equipamento com base em dados de séries temporais, reduzindo o tempo de inatividade e os custos de manutenção.

4. Análise do sentimento

A análise de sentimentos envolve a análise de texto para determinar o sentimento expresso, o que é crucial para compreender as opiniões dos clientes e o sentimento do público:

- **Análise do feedback do cliente**: As RNNs processam avaliações, publicações nas redes sociais e respostas a inquéritos para avaliar o sentimento dos clientes em relação a produtos e serviços. Esta informação ajuda as empresas a melhorar as suas ofertas e a satisfação dos clientes.
- **Monitorização de redes sociais**: As RNNs analisam o conteúdo das redes sociais para identificar tendências, opinião pública e potenciais problemas. Isto é valioso para a gestão da marca, estratégias de marketing e gestão de crises.

Exemplo: As ferramentas de análise de sentimentos alimentadas por RNNs ajudam as empresas a monitorizar a perceção da marca e a responder às preocupações dos clientes em tempo real.

5. Tradução automática

A tradução automática envolve a conversão de texto de uma língua para outra, e as RNNs são fundamentais para os sistemas de tradução modernos:

- **Modelos de sequência para sequência**: As arquitecturas codificador-descodificador com mecanismos de atenção permitem traduções precisas e fluentes, captando o contexto da frase de entrada e gerando a frase de saída correspondente na língua de chegada.

- **Tradução em tempo real**: Aplicações como o Google Translate utilizam RNNs para fornecer tradução em tempo real de linguagem falada e escrita, facilitando a comunicação entre diferentes línguas.

Exemplo: Os sistemas de tradução automática neural que utilizam RNNs melhoram significativamente a qualidade da tradução em comparação com os sistemas tradicionais baseados em frases.

6. Análise de vídeo

A análise de vídeo envolve o processamento de fotogramas de vídeo para reconhecer actividades, localizar objectos e gerar resumos:

- **Reconhecimento de actividades**: As RNNs analisam sequências de quadros de vídeo para reconhecer e classificar actividades, como andar, correr e saltar. Isto é útil em vigilância, análise desportiva e interação homem-computador.
- **Rastreio de objectos**: As RNNs rastreiam o movimento de objectos através de fotogramas de vídeo, permitindo aplicações como a condução autónoma, em que o veículo tem de monitorizar e reagir ao ambiente.
- **Sumarização de vídeos**: As RNNs geram resumos concisos de vídeos longos, identificando e selecionando quadros-chave, facilitando a revisão e a análise do conteúdo do vídeo.

Exemplo: Na condução autónoma, as RNNs processam dados de vídeo de câmaras para detetar e seguir peões, veículos e outros obstáculos, garantindo uma navegação segura.

7. Cuidados de saúde

As RNNs desempenham um papel significativo nos cuidados de saúde, analisando dados médicos e apoiando decisões clínicas:

- **Diagnóstico médico**: As RNNs analisam sequências de dados médicos, como históricos de pacientes e resultados de laboratório, para auxiliar no diagnóstico de doenças. Podem identificar padrões indicativos de condições específicas, apoiando a deteção e o tratamento precoces.
- **Análise preditiva de saúde**: As RNNs prevêem os resultados dos pacientes com base em dados históricos de saúde, permitindo planos de tratamento personalizados e cuidados proactivos. Por exemplo, prever a probabilidade de readmissão ou progressão da doença.
- **Genómica**: Na genómica, as RNNs analisam sequências de ADN para identificar marcadores genéticos associados a doenças. Esta informação é crucial para compreender as doenças genéticas e desenvolver tratamentos direcionados.

Exemplo: As RNN ajudam a monitorizar pacientes com doenças crónicas, prevendo potenciais complicações e recomendando intervenções atempadas.

8. Serviços financeiros

As RNN melhoram vários aspectos dos serviços financeiros, analisando dados financeiros sequenciais e fazendo previsões:

- **Deteção de fraudes**: As RNNs detectam actividades fraudulentas através da análise de padrões de transação e da identificação de anomalias. Isto ajuda a prevenir crimes financeiros e a proteger os clientes.
- **Negociação algorítmica**: As RNNs analisam os dados do mercado para identificar tendências e tomar decisões de negociação, conduzindo a estratégias de negociação mais eficientes e rentáveis.
- **Pontuação de crédito**: As RNNs avaliam a capacidade de crédito de indivíduos e empresas através da análise de dados financeiros e históricos de transacções, ajudando nas decisões de empréstimo.

Exemplo: As instituições financeiras utilizam RNNs para monitorizar transacções em tempo real, assinalando actividades suspeitas para investigação posterior.

9. Geração musical

As RNNs podem criar música aprendendo com sequências de notas musicais e gerando novas composições:

- **Composição de melodias**: As RNNs geram melodias prevendo a nota seguinte numa sequência com base nas notas anteriores. Isto pode ser utilizado para compor novas peças ou ajudar os músicos no processo criativo.
- **Geração de acompanhamentos**: As RNNs criam acompanhamentos para melodias existentes, fornecendo suporte harmónico e rítmico que complementa a melodia principal.

Exemplo: As ferramentas de composição musical alimentadas por IA utilizam RNNs para ajudar os artistas a gerar ideias e a desenvolver novas peças musicais.

10. Robótica

As RNNs permitem que os robots executem tarefas complexas através do processamento de sequências de dados de sensores e da tomada de decisões:

- **Visão de robôs**: As RNNs processam sequências de imagens de câmaras para identificar objectos, navegar em ambientes e interagir com humanos. Isto é essencial para aplicações como drones autónomos e assistentes robóticos.
- **Sistemas de controlo**: As RNNs controlam os movimentos robóticos analisando as entradas dos sensores e ajustando as acções em tempo real. Isto permite que os robôs executem tarefas como a manipulação de objectos, o planeamento de percursos e a interação humana.

Exemplo: Na automação industrial, as RNNs permitem que os robôs monitorizem as linhas de montagem, detectem anomalias e ajustem as operações para um desempenho ótimo.

11. Cuidados de saúde

As RNNs desempenham um papel significativo nos cuidados de saúde, analisando dados médicos e apoiando decisões clínicas:

- **Diagnóstico médico**: As RNNs analisam sequências de dados médicos, como históricos de pacientes e resultados de laboratório, para auxiliar no diagnóstico de doenças. Podem identificar padrões indicativos de condições específicas, apoiando a deteção e o tratamento precoces.

- **Análise preditiva de saúde**: As RNNs prevêem os resultados dos pacientes com base em dados históricos de saúde, permitindo planos de tratamento personalizados e cuidados proactivos. Por exemplo, prever a probabilidade de readmissão ou progressão da doença.
- **Genómica**: Na genómica, as RNNs analisam sequências de ADN para identificar marcadores genéticos associados a doenças. Esta informação é crucial para compreender as doenças genéticas e desenvolver tratamentos direcionados.

Exemplo: As RNN ajudam a monitorizar pacientes com doenças crónicas, prevendo potenciais complicações e recomendando intervenções atempadas.

12. Apoio ao cliente

As RNN melhoram os serviços de apoio ao cliente, fornecendo soluções inteligentes e automatizadas:

- **Chatbots**: Os RNNs alimentam os chatbots que podem compreender e responder às questões dos clientes em tempo real, fornecendo assistência rápida e precisa. Estes chatbots melhoram a satisfação do cliente ao resolverem os problemas prontamente.
- **Análise de sentimentos**: As RNNs analisam as interações dos clientes para determinar o sentimento, ajudando as equipas de apoio a compreender as emoções dos clientes e a adaptar as respostas em conformidade.
- **Sistemas de suporte de voz**: As RNNs processam entradas de voz em chamadas de apoio ao cliente, permitindo que os sistemas compreendam e respondam eficazmente às necessidades dos clientes.

Exemplo: As plataformas de apoio ao cliente utilizam RNNs para fornecer assistência personalizada, reduzindo os tempos de resposta e melhorando a experiência geral do cliente.

Técnicas avançadas em redes neurais recorrentes (RNNs)

As Redes Neuronais Recorrentes (RNNs) foram significativamente melhoradas através de várias técnicas avançadas que aumentam o seu desempenho, eficiência e capacidade de lidar com tarefas complexas. Segue-se uma explicação exaustiva de cada técnica avançada utilizada nas RNN.

1. Aprendizagem por transferência

A aprendizagem por transferência envolve o pré-treinamento de uma RNN num conjunto de dados grande e geral e, em seguida, o seu ajuste fino num conjunto de dados mais pequeno e específico da tarefa. Esta abordagem aproveita o conhecimento adquirido com o conjunto de dados grande para melhorar o desempenho na tarefa específica.

Processo:

- **Pré-treinamento**: A RNN é treinada num grande conjunto de dados (por exemplo, um grande corpus de texto para modelação de linguagem). Durante esta fase, a rede aprende caraterísticas e padrões gerais que são úteis para uma vasta gama de tarefas.

- **Ajuste fino**: A RNN pré-treinada é então afinada num conjunto de dados mais pequeno, específico da tarefa-alvo (por exemplo, análise de sentimentos em críticas de produtos). O ajuste fino ajusta os pesos da rede para melhor se adaptar à tarefa específica, mantendo as caraterísticas úteis aprendidas durante o pré-treinamento.

Vantagens:

- **Desempenho melhorado**: A aprendizagem por transferência conduz frequentemente a um melhor desempenho, especialmente quando o conjunto de dados alvo é pequeno ou não tem diversidade.
- **Tempo de treino reduzido**: Uma vez que a rede já tem um bom ponto de partida do pré-treino, o ajuste fino requer menos tempo e recursos computacionais.

Aplicações:

- **Tradução de línguas**: Pré-treino em grandes corpora multilingues e afinação em pares de línguas específicos.
- **Análise de sentimentos**: Pré-treino em diversos corpora de texto e afinação em domínios específicos, como críticas de filmes ou publicações em redes sociais.

2. Mecanismos de atenção

Os mecanismos de atenção permitem que as RNNs se concentrem em partes específicas da sequência de entrada, aumentando a capacidade da rede para captar informações relevantes e melhorar o desempenho em várias tarefas.

Conceito:

- **Pontuações de atenção**: O mecanismo de atenção calcula um conjunto de pontuações que indicam a importância de diferentes partes da sequência de entrada. Estas pontuações são utilizadas para criar uma soma ponderada das representações de entrada, concentrando-se nas partes mais relevantes.
- **Vetor de contexto**: A soma ponderada, também conhecida como vetor de contexto, é utilizada para fazer previsões. Isto permite que o modelo se concentre dinamicamente em diferentes partes da entrada, conforme necessário.

Vantagens:

- **Melhoria do desempenho**: Os mecanismos de atenção melhoram significativamente o desempenho em tarefas que exigem a compreensão do contexto e das relações dentro da sequência de entrada.
- **Modelos interpretáveis**: Os mecanismos de atenção fornecem informações sobre as partes do input em que o modelo se está a concentrar, tornando as decisões do modelo mais interpretáveis.

Aplicações:

- **Tradução automática**: Os mecanismos de atenção ajudam a alinhar as palavras nas línguas de origem e de destino, melhorando a qualidade da tradução.
- **Legenda da imagem**: Os mecanismos de atenção permitem que o modelo se concentre em partes relevantes da imagem enquanto gera legendas descritivas.

3. Técnicas de regularização

As técnicas de regularização são utilizadas para evitar o sobreajuste e melhorar a capacidade de generalização das RNNs.

Métodos:

- **Desistência**: Elimina aleatoriamente os neurónios durante o treino, evitando que a rede fique demasiado dependente de neurónios específicos. O abandono é normalmente aplicado às camadas de entrada e oculta.
- **Decaimento de peso**: Adiciona uma penalidade à função de perda proporcional à magnitude dos pesos, desencorajando a rede de aprender modelos excessivamente complexos.
- **Paragem antecipada**: Monitoriza a perda de validação durante a formação e interrompe o processo de formação quando a perda de validação começa a aumentar, indicando um potencial sobreajuste.

Vantagens:

- **Generalização melhorada**: As técnicas de regularização ajudam o modelo a generalizar melhor para dados não vistos, reduzindo o risco de sobreajuste.
- **Estabilidade melhorada**: Técnicas como o dropout adicionam ruído durante o treino, o que pode levar a um modelo mais robusto.

Aplicações:

- **Modelação de linguagem**: Prevenir o sobreajuste em modelos de linguagem de grande dimensão aplicando o abandono e a diminuição do peso.
- **Previsão de séries temporais**: Utilização de paragem precoce para evitar o sobreajuste ao ruído nos dados de treino.

4. Recorte de gradiente

O recorte de gradiente é uma técnica utilizada para evitar a explosão de gradientes, que pode desestabilizar o processo de formação.

Conceito:

- **Limite de recorte**: Durante a retropropagação, os gradientes são cortados se excederem um determinado limite. Isso envolve limitar os gradientes a um valor máximo, garantindo que eles permaneçam dentro de uma faixa gerenciável.
- **Estabilização**: Ao controlar a magnitude dos gradientes, o recorte de gradiente ajuda a estabilizar o processo de treinamento e permite que a rede aprenda de forma eficaz.

Vantagens:

- **Evita a explosão de gradientes**: Assegura que os gradientes não se tornam excessivamente grandes, o que pode causar instabilidade numérica e dificultar a aprendizagem.
- **Treino estável**: Ajuda a manter uma dinâmica de treino estável, permitindo uma convergência mais suave.

Aplicações:

- **RNNs profundas**: Essencial para treinar RNNs muito profundas ou modelos com sequências longas, onde é mais provável que ocorram gradientes explosivos.
- **Tarefas complexas**: Utilizado em tarefas como a modelação de linguagem e a tradução automática, em que são comuns as dependências de longo alcance.

5. Modelos de sequência para sequência

Os modelos sequência-a-sequência (Seq2Seq) são utilizados em tarefas em que a entrada e a saída são sequências, como a tradução, o resumo e a resposta a perguntas.

Arquitetura:

- **Codificador**: Processa a sequência de entrada e codifica-a num vetor de contexto de comprimento fixo.
- **Descodificador**: Recebe o vetor de contexto e gera a sequência de saída. O descodificador pode ser condicionado por saídas anteriores, tornando-o autoregressivo.

Mecanismo de atenção:

- Os modelos Seq2Seq incorporam frequentemente mecanismos de atenção para se concentrarem em diferentes partes da sequência de entrada durante a descodificação, aumentando a sua capacidade de lidar com sequências longas e dependências complexas.

Vantagens:

- **Flexibilidade**: Capaz de lidar com sequências de entrada e saída de comprimento variável.
- **Desempenho melhorado**: Os mecanismos de atenção nos modelos Seq2Seq melhoram significativamente o desempenho em tarefas que exigem uma compreensão detalhada do contexto.

Aplicações:

- **Tradução automática**: Traduzir texto de uma língua para outra através da aprendizagem de mapeamentos complexos entre sequências.
- **Sumarização de texto**: Geração de resumos concisos a partir de documentos de texto mais longos.

6. RNNs bidireccionais

As RNNs bidireccionais (BiRNNs) processam a sequência de entrada em ambas as direcções, para a frente e para trás, captando mais contexto ao considerar informações passadas e futuras.

Conceito:

- **Passagem em frente**: Uma RNN processa a sequência do início ao fim.
- **Passagem para trás**: Outra RNN processa a sequência do fim para o início.

- **Saída combinada**: As saídas de ambas as direcções são combinadas, fornecendo uma representação mais rica da sequência de entrada.

Vantagens:

- **Compreensão contextual**: As BiRNNs captam tanto o contexto passado como o futuro, levando a um melhor desempenho em tarefas em que a compreensão do contexto completo é crucial.
- **Precisão melhorada**: Capacidade melhorada para compreender as dependências na sequência de entrada, melhorando a precisão em várias aplicações.

Aplicações:

- **Reconhecimento de entidades nomeadas (NER)**: Identificação de entidades como nomes, datas e locais no texto, em que as palavras anteriores e posteriores fornecem o contexto.
- **Reconhecimento de fala**: Processamento bidirecional de sinais de áudio para captar o contexto fonético de ambas as direcções.

7. Modelos híbridos

Os modelos híbridos combinam RNNs com outras arquitecturas de redes neuronais, como as Redes Neuronais Convolucionais (CNNs) e os Transformers, para potenciar os seus pontos fortes complementares.

Exemplos:

- **CNN-RNN**: As CNNs podem ser utilizadas para extrair caraterísticas espaciais das imagens, que são depois processadas por RNNs para captar dependências temporais. Esta combinação é útil na análise de vídeo e na legendagem de imagens.
- **Transformador-RNN**: Os transformadores são excelentes na captura de dependências de longo alcance com mecanismos de auto-atenção. A combinação de Transformers com RNNs pode melhorar a capacidade do modelo para lidar com sequências com contextos variáveis.

Vantagens:

- **Desempenho melhorado**: A combinação de diferentes arquitecturas permite que o modelo capte diversas caraterísticas e dependências, melhorando o desempenho geral.
- **Flexibilidade**: Os modelos híbridos podem ser adaptados a tarefas específicas, o que os torna versáteis para uma vasta gama de aplicações.

Aplicações:

- **Análise de vídeo**: As CNNs extraem caraterísticas de quadros de vídeo e as RNNs modelam as relações temporais entre quadros.
- **Síntese de fala**: Combinando RNNs e Transformadores para gerar discurso de alta qualidade a partir de texto.

Estas técnicas avançadas melhoraram significativamente o desempenho e a eficiência das RNNs, permitindo-lhes lidar com tarefas complexas e obter resultados de ponta em várias aplicações. Ao tirar partido destas técnicas, os investigadores e profissionais podem construir modelos RNN mais robustos e poderosos que se destacam numa vasta gama de tarefas, desde o processamento de linguagem natural à previsão de séries temporais e muito mais.

IA explicável (XAI)

1. Introdução

A Inteligência Artificial (IA) evoluiu rapidamente ao longo das últimas décadas, passando de quadros teóricos a aplicações do mundo real que são agora parte integrante de vários sectores. As tecnologias de IA, incluindo a aprendizagem automática e a aprendizagem profunda, estão integradas em sistemas que vão desde os motores de recomendação aos veículos autónomos, melhorando as capacidades e os processos de tomada de decisões. No entanto, à medida que os sistemas de IA crescem em complexidade e são cada vez mais incumbidos de tomar decisões críticas, a opacidade destes modelos tem suscitado preocupações significativas entre os investigadores, os profissionais do sector e o público em geral.

A IA explicável (XAI) surge como uma resposta a estas preocupações, respondendo à necessidade de os sistemas de IA serem transparentes, compreensíveis e fiáveis. A ideia central da XAI é desenvolver métodos e ferramentas que permitam aos utilizadores e às partes interessadas compreender como os modelos de IA chegam às suas decisões. Esta compreensão é crucial não só para promover a confiança, mas também para garantir que os sistemas de IA funcionam dentro de limites éticos e legais.

Este documento tem como objetivo fornecer uma visão abrangente da IA explicável, incluindo as suas definições, metodologias, aplicações, desafios e direcções futuras. No final desta exploração, os leitores deverão ter uma compreensão mais profunda do papel da XAI no desenvolvimento e implementação da IA, bem como da sua importância na promoção de uma utilização responsável da IA.

2. A necessidade de uma IA explicável

O surgimento de sistemas de IA capazes de tomar decisões de forma autónoma levou a um maior escrutínio dos seus processos de tomada de decisão. Em sectores como os cuidados de saúde, as finanças e o direito, em que as decisões tomadas com base na IA podem ter um impacto significativo na vida das pessoas, a exigência de explicabilidade tornou-se primordial.

Confiança e transparência: Uma das principais razões para a explicabilidade é a necessidade de criar confiança nos sistemas de IA. A confiança é fundamental em qualquer processo de tomada de decisão, especialmente quando os resultados afectam o bem-estar humano. Por exemplo, se um sistema de IA para os cuidados de saúde recomendar um determinado tratamento, tanto os médicos como os doentes precisam de compreender a lógica subjacente a essa recomendação. A transparência nos modelos de IA permite aos utilizadores ver como são processados os inputs e como são gerados os outputs, promovendo assim a confiança no sistema.

Considerações éticas e jurídicas: A utilização da IA em domínios sensíveis levanta questões éticas e jurídicas. Por exemplo, na justiça penal, os sistemas de IA são utilizados para prever as taxas de reincidência, o que pode influenciar as decisões de condenação. Sem explicabilidade, existe o risco de perpetuar preconceitos ou de tomar decisões que não são legalmente defensáveis. Os quadros jurídicos, como o Regulamento Geral sobre a Proteção de Dados (RGPD) na Europa, começaram a impor a necessidade de transparência na IA, exigindo que as decisões tomadas pelos algoritmos sejam explicáveis aos utilizadores.

Gestão de riscos: A IA explicável também é fundamental na gestão do risco. Compreender como funcionam os modelos de IA permite às organizações identificar potenciais erros ou enviesamentos no processo de tomada de decisões. Isto é particularmente importante em ambientes de alto risco, onde decisões incorrectas podem levar a perdas financeiras significativas, problemas legais ou danos a indivíduos.

Em resumo, a necessidade de uma IA explicável é motivada pela necessidade de criar confiança, garantir a conformidade ética e legal e gerir os riscos de forma eficaz. À medida que os sistemas de IA continuam a integrar-se em mais aspectos da vida quotidiana, a procura de transparência e responsabilidade só irá aumentar, tornando a XAI uma componente indispensável do futuro desenvolvimento da IA.

3. Conceitos-chave e definições

Compreender a IA explicável requer familiaridade com vários conceitos e definições fundamentais que constituem a base deste domínio.

Definição de IA explicável: A IA explicável refere-se às técnicas e métodos desenvolvidos para tornar o comportamento dos sistemas de IA compreensível para os seres humanos. Esta compreensão pode assumir várias formas, desde conhecimentos sobre o processo de tomada de decisões até explicações pormenorizadas de previsões individuais. O objetivo é garantir que os sistemas de IA não são "caixas negras", mas sim entidades transparentes cujas operações podem ser examinadas e compreendidas.

Interpretabilidade vs. Explicabilidade: Embora muitas vezes utilizadas indistintamente, a interpretabilidade e a explicabilidade têm significados distintos no contexto da IA. A interpretabilidade refere-se geralmente ao grau em que um ser humano pode compreender a causa de uma decisão tomada por um modelo. Este conceito está estreitamente ligado a modelos mais simples, como a regressão linear ou as árvores de decisão, em que a relação entre a entrada e a saída é clara. A explicabilidade, por outro lado, é mais ampla e inclui métodos utilizados para fornecer explicações post-hoc para modelos mais complexos, como as redes neuronais profundas, em que o funcionamento interno não é inerentemente transparente.

Tipos de explicações de IA: As explicações em IA podem ser classificadas em dois tipos principais: ante-hoc e post-hoc. As explicações ante-hoc são incorporadas no modelo desde o início, o que significa que o modelo foi concebido para ser interpretável (por exemplo, árvores de decisão, modelos lineares). As explicações post-hoc, no entanto, são geradas depois de o modelo ter sido treinado e são normalmente utilizadas para explicar os resultados de modelos complexos como as redes neuronais. Técnicas como a pontuação da importância das caraterísticas, LIME (Local Interpretable Model-agnostic Explanations) e SHAP (SHapley Additive exPlanations) inserem-se nesta categoria.

Ao distinguir estes conceitos-chave, lançamos as bases para compreender as várias abordagens e técnicas utilizadas na IA explicável. Estes conceitos são essenciais para o desenvolvimento e a avaliação de modelos de IA que pretendem ser transparentes e fiáveis.

4. Abordagens à IA explicável

A IA explicável engloba uma série de abordagens destinadas a tornar os modelos de IA mais transparentes e as suas decisões mais compreensíveis. Estas abordagens podem ser classificadas em três categorias: transparência do modelo, explicabilidade post-hoc e abordagens híbridas.

Transparência do modelo: Os modelos transparentes são aqueles cujos processos de tomada de decisão são inerentemente interpretáveis. Os exemplos incluem árvores de decisão, regressão linear e sistemas baseados em regras. Nestes modelos, a relação entre entradas e saídas é direta, permitindo aos utilizadores compreender como as decisões são tomadas sem ferramentas ou explicações adicionais. No entanto, estes modelos sacrificam frequentemente a precisão e a flexibilidade em comparação com modelos mais complexos como as redes neuronais.

Explicabilidade Post-Hoc: Quando se trabalha com modelos complexos que não são intrinsecamente interpretáveis, são utilizados métodos de explicação post-hoc. Estas técnicas são aplicadas depois de o modelo ter sido treinado para fornecer informações sobre o seu processo de tomada de decisão. Dois dos métodos mais populares nesta categoria são o LIME e o SHAP.

- **LIME (Local Interpretable Model-agnostic Explanations):** O LIME funciona aproximando o modelo localmente em torno de uma previsão para criar um modelo interpretável que imita o comportamento do modelo original. Isto permite aos utilizadores compreender porque é que uma determinada decisão foi tomada para uma instância específica.
- **SHAP (SHapley Additive exPlanations):** Os valores SHAP baseiam-se na teoria dos jogos cooperativos e fornecem uma medida unificada da importância das caraterísticas. O SHAP explica o resultado de um modelo distribuindo a previsão entre as caraterísticas, permitindo aos utilizadores ver como cada caraterística contribuiu para a decisão final.

Abordagens híbridas: As abordagens híbridas combinam as vantagens dos modelos transparentes e complexos. Uma estratégia consiste em utilizar um modelo interpretável para aproximar um modelo mais complexo, alcançando assim um equilíbrio entre exatidão e explicabilidade. Outra abordagem envolve a construção de modelos intrinsecamente interpretáveis utilizando técnicas avançadas, tais como redes neurais interpretáveis que restringem a arquitetura do modelo para garantir a transparência.

Estas abordagens oferecem diferentes vias para alcançar a explicabilidade nos sistemas de IA. A escolha da abordagem depende dos requisitos específicos da aplicação, como a necessidade de exatidão, a complexidade dos dados e a necessidade de transparência.

5. Técnicas de explicação em IA

O domínio da IA explicável desenvolveu uma variedade de técnicas para fornecer explicações para os modelos de IA, cada uma com os seus pontos fortes e limitações. De seguida, apresentam-se algumas das técnicas mais proeminentes:

LIME (Local Interpretable Model-agnostic Explanations): LIME é uma técnica agnóstica de modelo que fornece explicações locais para previsões individuais. Funciona perturbando os dados de entrada e observando como essas alterações afectam as previsões do modelo. Ao criar um modelo simples e interpretável que se aproxima do comportamento do modelo original na vizinhança da entrada, a LIME permite aos utilizadores compreender como caraterísticas específicas contribuem para uma decisão.

SHAP (SHapley Additive exPlanations): Os valores SHAP são baseados nos valores Shapley da teoria dos jogos cooperativos. Fornecem um método consistente e matematicamente sólido para atribuir o resultado de um modelo às suas caraterísticas de entrada. Os valores SHAP explicam a contribuição de cada caraterística para a previsão, oferecendo explicações globais e locais. Este método é particularmente poderoso porque fornece uma medida unificada da importância das caraterísticas, aplicável a diferentes tipos de modelos.

Mecanismos de atenção e mapas de saliência: No aprendizado profundo, especialmente nas redes neurais usadas para processamento de imagens e textos, os mecanismos de atenção e os mapas de saliência são técnicas populares de explicabilidade. Os mecanismos de atenção permitem que o modelo se concentre em partes específicas dos dados de entrada ao fazer previsões, e esses pesos de atenção podem ser visualizados para mostrar para onde o modelo está "olhando". Os mapas de saliência destacam as regiões de uma imagem que mais influenciam a previsão do modelo, fornecendo uma explicação intuitiva do que o modelo está a considerar.

Explicações contrafactuais: As explicações contrafactuais fornecem informações ao mostrar que alterações nos dados de entrada teriam conduzido a uma decisão diferente. Por exemplo, num modelo de pontuação de crédito, uma explicação contrafactual pode mostrar que, se o rendimento do candidato fosse superior a um determinado montante, o empréstimo teria sido aprovado. Esta abordagem é particularmente útil em cenários em que os utilizadores precisam de compreender como alcançar um resultado desejado.

Redes neuronais explicáveis: Os avanços recentes têm como objetivo tornar as redes neuronais mais interpretáveis sem sacrificar a sua potência. Técnicas como as redes neuronais convolucionais interpretáveis (CNN) e as redes neuronais recorrentes (RNN) utilizam arquitecturas de modelos estruturados que permitem uma interpretação mais direta do modo como as entradas são processadas e como são tomadas as decisões.

Estas técnicas formam o conjunto de ferramentas da IA explicável, permitindo aos utilizadores e programadores obter informações sobre o funcionamento dos modelos de IA. Cada técnica tem as suas vantagens e é adequada a diferentes tipos de modelos e aplicações, pelo que é crucial selecionar o método certo com base nas necessidades específicas da tarefa em questão.

6. Aplicações da IA explicável

A IA explicável está a tornar-se cada vez mais essencial em vários sectores, uma vez que responde à necessidade de transparência e confiança nos sistemas automatizados de tomada de decisões. Seguem-se algumas áreas-chave em que a XAI está a ter um impacto significativo:

Cuidados de saúde: Nos cuidados de saúde, os modelos de IA são utilizados para diagnosticar doenças, recomendar tratamentos e prever os resultados dos doentes. No entanto, devido aos elevados riscos envolvidos, os profissionais médicos e os pacientes têm de compreender a lógica subjacente a estas decisões baseadas em IA. A IA explicável ajuda a colmatar esta lacuna, fornecendo informações sobre a forma como os modelos chegam às suas conclusões. Por exemplo, em radiologia, as técnicas de XAI podem realçar áreas de uma imagem que o modelo considera indicativas de uma doença, permitindo aos médicos verificar o raciocínio do modelo.

Finanças: O sector financeiro tem sido rápido a adotar a IA para tarefas como a pontuação de crédito, a deteção de fraudes e a negociação algorítmica. No entanto, os requisitos regulamentares e a necessidade de manter a confiança dos clientes exigem que estes modelos sejam explicáveis. Por exemplo, na pontuação de crédito, a XAI pode ajudar a explicar por que razão um pedido de empréstimo foi aprovado ou negado, tornando o processo de decisão transparente e permitindo que os candidatos compreendam quais os factores que influenciaram a sua pontuação.

Jurídico e conformidade: No domínio jurídico, a IA é utilizada para tarefas como a análise de contratos, a investigação jurídica e até a previsão de resultados de processos. A IA explicável garante que as decisões tomadas por estes sistemas são transparentes e podem ser auditadas. Isto é particularmente importante para garantir que as decisões baseadas em IA cumprem as leis existentes e não introduzem inadvertidamente preconceitos. Por exemplo, a XAI pode ser utilizada para explicar como um sistema de IA chegou a uma recomendação legal, garantindo que o raciocínio se alinha com as normas legais.

Sistemas autónomos: Os veículos autónomos e os drones dependem da IA para tomar decisões em tempo real, muitas vezes em ambientes complexos. A IA explicável é crucial nestes sistemas para garantir a segurança e a responsabilidade. Se um veículo autónomo estiver envolvido num acidente, a XAI pode ajudar a reconstruir o processo de tomada de decisão que conduziu ao evento, proporcionando transparência e permitindo uma melhor compreensão e melhoria do sistema.

Recursos Humanos: Nos RH, a IA é utilizada para estratégias de recrutamento, avaliação do desempenho e retenção de trabalhadores. No entanto, a utilização da IA nestas áreas levanta preocupações sobre a equidade e a parcialidade. A IA explicável pode ajudar a garantir que as decisões de RH baseadas em IA se baseiam em critérios justos e transparentes, permitindo que as organizações auditem e justifiquem as suas práticas de contratação.

Nestas aplicações, a XAI não só aumenta a confiança como também garante que os sistemas de IA são utilizados de forma responsável e ética. Ao fornecer informações sobre o funcionamento dos modelos de IA, a XAI permite que os utilizadores tomem decisões informadas e promove a utilização justa e eficaz da IA em todos os sectores.

7. Desafios e limitações

Apesar dos progressos registados na IA explicável, subsistem vários desafios e limitações que impedem a sua adoção generalizada e a sua eficácia.

Desafios técnicos: Um dos principais desafios técnicos da XAI é o compromisso entre a complexidade do modelo e a sua explicabilidade. Embora os modelos mais simples, como as árvores de decisão, sejam mais fáceis de interpretar, podem não ter um desempenho tão bom como os modelos complexos, como as redes neuronais profundas. Por outro lado, a elevada exatidão dos modelos complexos tem muitas vezes o custo de uma menor capacidade de interpretação. O desenvolvimento de técnicas que equilibrem estes dois aspectos constitui um desafio importante para a XAI.

Compreensão do utilizador: Outro desafio é garantir que as explicações geradas pelos métodos XAI sejam compreensíveis para os utilizadores, especialmente para os não especialistas. Uma explicação demasiado técnica ou abstrata pode não ser útil para o utilizador final. É necessário desenvolver métodos que possam traduzir o comportamento complexo de um modelo em explicações simples e intuitivas que os utilizadores possam facilmente compreender e utilizar.

Escalabilidade: A implementação da XAI em sistemas de grande escala é outro desafio. À medida que os modelos de IA aumentam de tamanho e são implementados em vários domínios, torna-se mais complexo garantir que cada decisão seja explicável. Além disso, o custo computacional de gerar explicações, especialmente em aplicações em tempo real, pode ser proibitivo.

Preconceito e equidade: A IA explicável não garante automaticamente a equidade. Mesmo com explicações, os modelos podem continuar a apresentar enviesamentos, especialmente se forem treinados com dados enviesados. Os métodos XAI têm de ser complementados com técnicas que garantam a equidade e atenuem os enviesamentos nos sistemas de IA. Além disso, as próprias explicações podem ser tendenciosas se forem apresentadas ou interpretadas de forma selectiva, conduzindo a uma falsa sensação de transparência.

Preocupações com a privacidade: Outra limitação da XAI é o potencial para problemas de privacidade. Em alguns casos, as explicações podem revelar inadvertidamente informações sensíveis sobre os dados utilizados para treinar o modelo ou sobre os indivíduos cujos dados estão a ser processados. Equilibrar a necessidade de transparência com a proteção da privacidade é uma tarefa delicada na XAI.

Questões regulamentares e éticas: Embora a XAI seja crucial para o cumprimento de regulamentos como o RGPD, também levanta novos desafios regulamentares e éticos. Por exemplo, ainda não existe consenso sobre o nível de explicabilidade exigido para os sistemas de IA em diferentes contextos. Além disso, o fornecimento de explicações pode, por vezes, levar a uma sobrecarga de informação, em que os utilizadores ficam sobrecarregados com demasiados detalhes, tornando mais difícil tomar decisões informadas.

Enfrentar estes desafios exige investigação e colaboração contínuas entre disciplinas, incluindo ciência informática, ética, direito e interação homem-computador. Ao ultrapassar estas limitações, a XAI pode desempenhar um papel fundamental para garantir que os sistemas de IA sejam transparentes, fiáveis e alinhados com os valores sociais.

8. Direcções futuras da IA explicável

À medida que a IA continua a avançar, espera-se que o domínio da IA explicável evolua, surgindo várias direcções promissoras para a investigação e o desenvolvimento futuros.

Avanços nas técnicas: A investigação futura em XAI centrar-se-á provavelmente na melhoria das técnicas existentes e no desenvolvimento de novos métodos que forneçam explicações mais precisas, detalhadas e fáceis de utilizar. Isto pode envolver a integração da explicabilidade diretamente no processo de formação de modelos complexos, em vez de depender de explicações post-hoc. Além disso, há potencial para desenvolver métodos mais sofisticados de visualização das explicações, tornando-as acessíveis a um leque mais vasto de utilizadores.

Integração com a governação da IA: À medida que a IA se torna mais difundida, haverá uma necessidade crescente de integrar a XAI nos quadros de governação da IA. Esta integração implicará o estabelecimento de normas de explicabilidade, a criação de diretrizes sobre o modo como as explicações devem ser apresentadas e a garantia de que os métodos XAI cumprem os requisitos regulamentares. O desenvolvimento de normas XAI contribuirá também para a criação de parâmetros de referência para avaliar a explicabilidade dos sistemas de IA.

IA centrada no ser humano: Há uma ênfase crescente no desenvolvimento de sistemas de IA que são inerentemente centrados no ser humano, o que significa que são concebidos tendo em conta as necessidades e a compreensão do utilizador desde o início. Esta abordagem implica não só a criação de modelos que sejam mais fáceis de explicar, mas também a conceção de interfaces e modelos de interação que tornem as explicações mais intuitivas e acionáveis. A IA centrada no ser humano tem por objetivo garantir que os sistemas de IA sejam não só poderosos, mas também utilizáveis e fiáveis.

Investigação interdisciplinar: O futuro da XAI também será moldado pela investigação interdisciplinar que reúne conhecimentos de IA, ciência cognitiva, psicologia, ética e direito. Ao compreender como os humanos percepcionam e processam as explicações, os investigadores podem desenvolver métodos de XAI que estejam mais alinhados com os processos cognitivos humanos. Além disso, a colaboração com académicos legais e éticos será crucial para abordar as implicações sociais da XAI e garantir que é utilizada de forma responsável.

Explicabilidade em sistemas de IA de ponta e em tempo real: Com o aumento da computação de ponta e das aplicações de IA em tempo real, há uma necessidade crescente de métodos XAI que possam funcionar eficientemente nestes ambientes. A investigação futura pode centrar-se no desenvolvimento de técnicas leves de XAI que possam fornecer explicações em tempo real, mesmo em dispositivos com recursos limitados. Isto será particularmente importante em aplicações como os veículos autónomos, em que as decisões têm de ser tomadas rapidamente e as explicações têm de ser fornecidas quase instantaneamente.

Explicações personalizadas: Outra direção promissora é o desenvolvimento de explicações personalizadas que tenham em conta os antecedentes, o nível de conhecimento e as preferências do utilizador. Em vez de fornecer uma explicação única, os sistemas XAI podem adaptar as suas explicações ao utilizador individual, tornando-as mais relevantes e compreensíveis. Isto pode implicar a utilização de aprendizagem automática para aprender com as interações dos utilizadores e ajustar as explicações ao longo do tempo.

Em conclusão, é provável que o futuro da IA explicável se caracterize pela inovação contínua e pela colaboração interdisciplinar. À medida que os sistemas de IA se tornam mais complexos e omnipresentes, a procura de explicações eficazes e acessíveis só irá aumentar. Ao fazer avançar as técnicas de XAI e ao integrá-las em estruturas mais amplas de governação da IA, podemos garantir que os sistemas de IA permanecem transparentes, fiáveis e alinhados com os valores humanos.

9. Conclusão

A IA explicável representa um avanço crítico no desenvolvimento e na implantação de sistemas de IA. À medida que a IA continua a permear vários aspectos da sociedade, a necessidade de transparência, confiança e responsabilização nos processos de tomada de decisões orientados para a IA torna-se cada vez mais importante. A IA explicável fornece as ferramentas e técnicas necessárias para atingir estes objectivos, tornando os sistemas de IA mais compreensíveis e interpretáveis.

Ao longo deste documento, explorámos os principais conceitos e definições de IA explicável, as várias abordagens e técnicas utilizadas para alcançar a explicabilidade e as aplicações abrangentes em sectores como os cuidados de saúde, as finanças e os sistemas autónomos. Também discutimos os desafios e as limitações que devem ser abordados para fazer avançar a XAI, bem como as direcções futuras que prometem tornar a IA ainda mais transparente e fácil de utilizar.

Em conclusão, a IA explicável não é apenas um requisito técnico; é uma componente fundamental do desenvolvimento responsável da IA. Ao assegurar que os sistemas de IA são explicáveis, podemos criar confiança, garantir o cumprimento de normas éticas e legais e, em última análise, criar sistemas de IA que não só são poderosos, mas também estão alinhados com os valores humanos e as necessidades da sociedade. A investigação e o desenvolvimento em curso neste domínio continuarão a moldar o futuro da IA, tornando-a mais transparente, responsável e fiável.

Técnicas úteis para uma IA explicável

SHAP (SHapley Additive exPlanations)

Introdução

Nos últimos anos, os modelos de aprendizagem automática ganharam destaque pela sua capacidade de fazer previsões exactas e descobrir padrões nos dados. No entanto, a complexidade e a opacidade destes modelos, especialmente os modelos de aprendizagem profunda, tornam-nos muitas vezes "caixas negras", o que dificulta a interpretação das suas decisões. A IA explicável (XAI) tem como objetivo colmatar esta lacuna, fornecendo ferramentas e técnicas para compreender e confiar nas previsões dos modelos. Um dos métodos mais robustos e amplamente utilizados neste domínio é o SHAP (SHapley Additive exPlanations).

O SHAP utiliza conceitos da teoria dos jogos cooperativos para fornecer explicações consistentes e interpretáveis para o resultado de qualquer modelo de aprendizagem automática. Desenvolvido por Scott Lundberg e Su-In Lee, o SHAP explica a contribuição de cada caraterística para uma determinada previsão, garantindo que a soma das contribuições é igual ao resultado da previsão. Este artigo analisa os meandros do SHAP, a sua base teórica, implementação, vantagens e aplicações.

Fundamentação teórica do SHAP

Valores de Shapley

No centro do SHAP estão os valores de Shapley, um conceito da teoria dos jogos cooperativos desenvolvido por Lloyd Shapley na década de 1950. Na teoria dos jogos, os valores de Shapley atribuem um pagamento justo aos jogadores em função da sua contribuição para o ganho total. Quando aplicados à aprendizagem automática, as caraterísticas são análogas aos jogadores e a previsão é o ganho total.

Definição

Dada uma coligação de caraterísticas N o valor de Shapley para uma caraterística i é definido como:

$$\phi_i = \sum_{S \subseteq N \setminus \{i\}} \frac{|S|! \cdot (|N| - |S| - 1)!}{|N|!} [v(S \cup \{i\}) - v(S)]$$

onde:

- N é o conjunto de todas as caraterísticas.
- S é um subconjunto de N que não contém a caraterística i.
- $v(S)$ é a função de valor, que representa a previsão quando apenas estão presentes as caraterísticas em S estão presentes.

Esta fórmula calcula a contribuição marginal média de uma caraterística em todas as coligações possíveis.

Propriedades dos valores de Shapley

Os valores de Shapley possuem várias propriedades desejáveis:

1. **Eficiência**: A soma dos valores de Shapley para todas as caraterísticas é igual à previsão total.
2. **Simetria**: As caraterísticas que contribuem de forma igual recebem o mesmo valor Shapley.
3. **Dummy**: As caraterísticas que não contribuem para qualquer coligação recebem um valor Shapley de zero.
4. **Aditividade**: Para jogos aditivos, o valor Shapley de um jogo combinado é igual à soma dos valores Shapley dos jogos individuais.

SHAP: Implementação e algoritmos

Valores SHAP

Os valores SHAP são uma medida unificada da importância das caraterísticas, derivada dos valores Shapley, adaptada aos modelos de aprendizagem automática. São calculados tomando a expetativa dos valores de Shapley sobre todas as coligações de caraterísticas possíveis.

Núcleo SHAP

Para explicações agnósticas ao modelo, o SHAP utiliza um modelo de regressão linear ponderada para estimar os valores de Shapley. Esta abordagem, conhecida como Kernel

SHAP, aproxima os valores de Shapley através da amostragem de coligações e da adaptação de um modelo linear:

$$\phi_i \approx \sum_j \theta_j \cdot z_{ij}$$

Em que θ_j são os coeficientes de regressão, e z_{ij} são vectores binários que indicam a presença de caraterísticas nas coligações.

SHAP específico do modelo

Para certos tipos de modelos, existem algoritmos especializados para calcular os valores SHAP de forma mais eficiente:

- **SHAP em árvore**: Optimizado para modelos baseados em árvores, aproveita a estrutura das árvores de decisão para calcular valores SHAP exactos em tempo polinomial.
- **SHAP profundo**: Adapta o SHAP para modelos de aprendizagem profunda combinando DeepLIFT com valores Shapley.
- **SHAP Linear**: Permite o cálculo rápido do valor SHAP para modelos lineares, explorando a sua natureza aditiva.

Vantagens do SHAP

Coerência e equidade

Os valores SHAP oferecem uma medida consistente da importância das caraterísticas, assegurando que a soma das contribuições das caraterísticas é igual ao resultado do modelo. Esta propriedade faz do SHAP um método justo e interpretável para explicar as previsões.

Modelo de diagnóstico

O SHAP é versátil e pode ser aplicado a qualquer modelo de aprendizagem automática, o que o torna uma ferramenta valiosa para os profissionais que trabalham com diversos algoritmos.

Informações completas

O SHAP fornece explicações locais (para previsões individuais) e explicações globais (agregando a importância das caraterísticas em todo o conjunto de dados). Esta dupla capacidade ajuda a compreender tanto as decisões específicas como o comportamento global do modelo.

Visualizações

O SHAP oferece várias ferramentas de visualização, tais como gráficos de resumo, gráficos de dependência e gráficos de força, para ajudar na interpretação dos valores do SHAP. Estas visualizações facilitam a comunicação dos conhecimentos do modelo às partes interessadas.

Aplicações do SHAP

Cuidados de saúde

No sector da saúde, o SHAP tem sido utilizado para interpretar modelos preditivos para o diagnóstico de doenças, recomendações de tratamento e estratificação do risco dos doentes. Por exemplo, o SHAP pode elucidar os factores que contribuem para um modelo de previsão do aparecimento de diabetes, permitindo aos médicos compreender e confiar nas recomendações do modelo.

Finanças

A SHAP ajuda o sector financeiro ao fornecer explicações transparentes sobre modelos de pontuação de crédito, sistemas de deteção de fraude e estratégias de investimento. Ao explicar as caraterísticas que influenciam uma previsão de pontuação de crédito, a SHAP assegura o cumprimento dos requisitos regulamentares e cria confiança junto dos clientes.

Marketing

No marketing, o SHAP ajuda a compreender o comportamento dos clientes e a otimizar as campanhas. Por exemplo, o SHAP pode revelar os principais factores que determinam as previsões de rotatividade dos clientes, permitindo aos profissionais de marketing conceber estratégias de retenção direcionadas.

Jurídico e conformidade

O SHAP ajuda a garantir a equidade e a responsabilidade dos modelos de aprendizagem automática utilizados em contextos legais e regulamentares. Ao fornecer explicações claras para as decisões do modelo, o SHAP ajuda a identificar e atenuar os enviesamentos, garantindo o cumprimento de normas e regulamentos éticos.

Retalho

Os retalhistas utilizam o SHAP para interpretar modelos de previsão da procura, gestão de inventário e recomendações personalizadas. A compreensão dos factores subjacentes às previsões de vendas permite que os retalhistas tomem decisões informadas sobre stocks e preços.

LIME (Local Interpretable Model-agnostic Explanations)

Introdução

Na era dos modelos complexos de aprendizagem automática, compreender como estes modelos tomam decisões é crucial para a sua adoção, confiança e transparência. As explicações agnósticas de modelos interpretáveis locais (LIME) são um método desenvolvido para atender a essa necessidade. O LIME fornece uma maneira de interpretar previsões individuais feitas por modelos de caixa preta, como aprendizado profundo e métodos de conjunto, aproximando-os com modelos mais simples e interpretáveis localmente em torno da previsão.

O LIME foi introduzido por Marco Tulio Ribeiro, Sameer Singh e Carlos Guestrin no seu artigo de 2016 intitulado "Why Should I Trust You? Explicando as previsões de qualquer classificador". Ele permite que os usuários entendam o comportamento local de modelos complexos, tornando-os mais transparentes e confiáveis. Este artigo investiga a base teórica, a implementação, as vantagens, os desafios e as aplicações do LIME.

Fundamentação teórica

Ideia básica

A ideia central do LIME é aproximar o comportamento de um modelo complexo com um modelo mais simples e interpretável nas proximidades de uma previsão específica. Esta aproximação local ajuda a compreender os factores que influenciam a previsão para uma instância específica, em vez de tentar explicar todo o modelo globalmente.

Etapas do LIME

1. **Perturbação da instância**: Gerar um conjunto de dados de instâncias perturbadas fazendo pequenas alterações nas caraterísticas de entrada da instância a ser explicada.
2. **Previsão em instâncias perturbadas**: Utilizar o modelo de caixa negra para prever as saídas para estas instâncias perturbadas.
3. **Ponderação das instâncias**: Atribuir pesos às instâncias perturbadas com base na sua semelhança com a instância original. As instâncias que são mais semelhantes à instância original recebem pesos mais elevados.
4. **Ajuste de um modelo local**: Ajustar um modelo simples e interpretável (como uma regressão linear ou uma árvore de decisão) ao conjunto de dados perturbado ponderado. Este modelo local aproxima o comportamento do modelo de caixa preta em torno da instância original.
5. **Explicação**: Utilize o modelo local interpretável para fornecer informações sobre os factores que influenciaram a previsão da instância original.

Vantagens da LIME

Modelo de diagnóstico

Uma das principais vantagens do LIME é o seu carácter agnóstico em relação aos modelos. Pode ser aplicado a qualquer modelo black-box, independentemente da sua complexidade ou tipo. Isto faz do LIME uma ferramenta versátil para interpretar as previsões de uma vasta gama de modelos de aprendizagem automática, incluindo redes neurais, métodos de conjunto e máquinas de vectores de suporte.

Explicações locais

O LIME fornece explicações locais que são específicas para previsões individuais. Esta granularidade ajuda a compreender o comportamento do modelo para instâncias específicas, o que é particularmente útil em domínios em que as decisões individuais têm de ser justificadas, como os sistemas de saúde, financeiros e jurídicos.

Modelos interpretáveis

Ao aproximar modelos complexos com modelos mais simples e interpretáveis, o LIME facilita aos utilizadores a compreensão dos factores que influenciam as previsões. A utilização de modelos interpretáveis, tais como regressões lineares ou árvores de decisão, garante que as explicações são acessíveis a não especialistas.

Flexibilidade

O LIME pode ser personalizado para lidar com vários tipos de dados, incluindo dados tabulares, texto e imagens. A capacidade de lidar com diferentes tipos de dados e gerar explicações para diversas aplicações aumenta a sua flexibilidade e usabilidade.

Desafios e considerações

Precisão da aproximação

A exatidão das explicações do LIME depende da qualidade da aproximação local. Em alguns casos, o modelo local pode não capturar com exatidão o verdadeiro comportamento do modelo complexo, levando a explicações potencialmente enganadoras. Garantir que o modelo local é uma boa aproximação é crucial para interpretações fiáveis.

Complexidade computacional

A geração de instâncias perturbadas e o ajuste de modelos locais podem ser computacionalmente dispendiosos, especialmente para grandes conjuntos de dados ou modelos complexos. A necessidade de múltiplas perturbações e previsões pode aumentar a carga computacional, tornando importante equilibrar precisão e eficiência.

Seleção de parâmetros

O desempenho do LIME depende de vários parâmetros, tais como o número de instâncias perturbadas, a função de distância e o tipo de modelo local utilizado. A seleção dos parâmetros adequados é essencial para obter explicações significativas e precisas. A experimentação e a validação são frequentemente necessárias para identificar as definições óptimas.

Interpretabilidade vs. Complexidade

Embora o objetivo do LIME seja fornecer explicações interpretáveis, pode haver um compromisso entre simplicidade e precisão. Modelos locais demasiado simplistas podem não captar nuances importantes do modelo de caixa negra, enquanto modelos locais mais complexos podem ser mais difíceis de interpretar. Encontrar o equilíbrio correto é fundamental para explicações eficazes.

Aplicações do LIME

Cuidados de saúde

No sector da saúde, o LIME é utilizado para interpretar as previsões feitas por modelos de aprendizagem automática para diagnosticar doenças, recomendar tratamentos e prever os resultados dos pacientes. Ao fornecer explicações para previsões individuais, o LIME ajuda os médicos a compreender os factores que influenciam as decisões do modelo, aumentando a confiança e facilitando melhores decisões clínicas.

Exemplo: Diagnóstico de doenças

Considere um modelo de aprendizagem automática treinado para diagnosticar a diabetes com base nos dados do paciente. O LIME pode explicar porque é que o modelo prevê que um determinado paciente está em risco elevado de diabetes, destacando as caraterísticas mais influentes, como os níveis de glucose no sangue, o IMC e a idade. Esta transparência permite que os médicos validem as previsões do modelo e considerem outros factores antes de fazerem um diagnóstico final.

Finanças

No sector financeiro, o LIME é utilizado para interpretar modelos de pontuação de crédito, deteção de fraude e avaliação de risco. Ao explicar as previsões individuais, o LIME garante que as decisões são transparentes e estão em conformidade com os requisitos regulamentares. Esta transparência é crucial para criar confiança junto dos clientes e das partes interessadas.

Exemplo: Pontuação de crédito

Um modelo de pontuação de crédito prevê se um candidato é elegível para um empréstimo com base no seu historial financeiro e informações pessoais. A LIME pode explicar a decisão do modelo identificando factores-chave, como o historial de crédito, o rendimento e o rácio dívida/rendimento. Isto ajuda os responsáveis pelos empréstimos a compreenderem as razões por detrás de cada decisão e a responderem a quaisquer preocupações levantadas pelos candidatos.

Marketing

No marketing, o LIME é utilizado para interpretar modelos de segmentação de clientes, previsão de churn e recomendações personalizadas. Ao compreender os factores que determinam as previsões dos modelos, os profissionais de marketing podem conceber campanhas mais eficazes e melhorar as estratégias de envolvimento dos clientes.

Exemplo: Previsão da rotatividade de clientes

Um modelo de aprendizagem automática prevê quais os clientes com maior probabilidade de churning com base no seu histórico de interação, dados demográficos e padrões de utilização. A LIME pode explicar porque é que o modelo prevê que um cliente específico está em risco de churning, destacando os factores mais influentes, como a redução da frequência de utilização, feedback negativo ou ofertas da concorrência. Isso permite que os profissionais de marketing direcionem os clientes em risco com estratégias de retenção personalizadas, como ofertas especiais ou serviços aprimorados.

Jurídico e conformidade

O LIME é valioso para garantir a imparcialidade e a responsabilidade dos modelos de aprendizagem automática utilizados em contextos legais e regulamentares. Ao fornecer explicações claras para as decisões do modelo, o LIME ajuda a identificar e mitigar vieses, garantindo a conformidade com padrões éticos e regulamentos.

Exemplo: Decisões de condenação e liberdade condicional

Nos sistemas judiciais, os modelos de aprendizagem automática podem ser utilizados para ajudar nas decisões de condenação e liberdade condicional com base em vários factores, incluindo avaliações do historial criminal e do comportamento. O LIME pode explicar por que razão o modelo recomenda uma determinada decisão, identificando os principais factores contribuintes. Esta transparência ajuda os profissionais do sector jurídico a avaliar a justiça e a adequação das recomendações, garantindo que estão alinhadas com as normas legais e as considerações éticas.

Retalho

Os retalhistas utilizam o LIME para interpretar modelos de previsão de procura, gestão de inventário e recomendações personalizadas. Compreender os factores subjacentes às previsões de vendas permite que os retalhistas tomem decisões informadas sobre o stock e os preços, melhorando a eficiência operacional e a satisfação do cliente.

Exemplo: Previsão da procura

Um modelo de previsão da procura prevê as vendas futuras de diferentes produtos com base em dados históricos de vendas, tendências sazonais e condições de mercado. A LIME pode explicar por que razão o modelo prevê um pico na procura de um determinado produto, destacando factores influentes, tais como feriados futuros, campanhas promocionais ou alterações no comportamento do consumidor. Este conhecimento ajuda os retalhistas a planear o seu inventário e estratégias de marketing de forma mais eficaz.

Educação

No sector da educação, o LIME é utilizado para interpretar modelos de previsão de desempenho dos alunos, aprendizagem personalizada e atribuição de recursos. Ao compreender os factores que influenciam as previsões dos modelos, os educadores podem adaptar as suas abordagens de ensino para satisfazer as necessidades individuais dos alunos e melhorar os resultados globais de aprendizagem.

Exemplo: Previsão do desempenho do aluno

Um modelo prevê o desempenho dos alunos nos próximos exames com base nos seus registos académicos anteriores, assiduidade e participação nas actividades da aula. O LIME pode explicar por que razão o modelo prevê que um determinado aluno pode ter um desempenho fraco, identificando factores-chave como a fraca participação em debates nas aulas, tarefas não realizadas ou falta de preparação. Esta informação permite aos professores fornecer apoio e intervenções direcionadas para ajudar o aluno a melhorar.

Recursos Humanos

Nos recursos humanos, a LIME ajuda a interpretar modelos de avaliação de desempenho, recrutamento e retenção de funcionários. Ao fornecer explicações transparentes para as decisões dos modelos, a LIME garante práticas de RH justas e imparciais, promovendo um ambiente de trabalho positivo e inclusivo.

Exemplo: Avaliação de desempenho do empregado

Um modelo de avaliação do desempenho de um colaborador prevê o desempenho futuro de um colaborador com base no seu desempenho passado, nas avaliações dos pares e nas actividades de desenvolvimento profissional. A LIME pode explicar a razão pela qual o modelo prevê que um determinado colaborador é suscetível de se destacar, destacando os factores mais influentes, tais como classificações elevadas consistentes nas avaliações dos pares, conclusão de programas de formação relevantes e resultados de projectos bem sucedidos. Esta transparência ajuda os gestores de RH a tomar decisões informadas sobre promoções, prémios e oportunidades de desenvolvimento profissional.

Sistemas autónomos

No desenvolvimento de sistemas autónomos, como carros autónomos e drones, o LIME é utilizado para interpretar as decisões tomadas por modelos de aprendizagem automática em tempo real. Esta interpretabilidade é crucial para garantir a segurança e a fiabilidade destes sistemas, bem como para ganhar a confiança do público.

Exemplo: Carros autónomos

Um carro autónomo utiliza um modelo de aprendizagem automática para tomar decisões sobre navegação, evitar obstáculos e controlar a velocidade com base em dados de sensores e condições ambientais. O LIME pode explicar por que razão o modelo decidiu tomar uma determinada ação, como travar ou mudar de faixa, destacando os principais factores que influenciam a decisão, como os obstáculos detectados, os sinais de trânsito e as condições da estrada. Esta transparência é essencial para depurar e melhorar o desempenho e a segurança do sistema.

Monitorização ambiental

O LIME é utilizado na monitorização ambiental para interpretar modelos de previsão da qualidade do ar, padrões meteorológicos e impactos das alterações climáticas. Ao fornecer explicações para as previsões dos modelos, o LIME ajuda os cientistas e os decisores políticos a compreenderem os factores subjacentes que conduzem às alterações ambientais e a tomarem decisões informadas para as resolver.

Exemplo: Previsão da qualidade do ar

Um modelo de previsão da qualidade do ar prevê os níveis de poluição com base em dados históricos, condições meteorológicas e atividade industrial. A LIME pode explicar por que razão o modelo prevê níveis elevados de poluição num determinado dia, identificando os factores mais influentes, como o aumento do tráfego, condições meteorológicas específicas ou emissões industriais nas proximidades. Este conhecimento ajuda as autoridades a implementar medidas atempadas para mitigar a poluição e proteger a saúde pública.

Aplicação prática

Personalização do LIME para diferentes tipos de dados

O LIME pode ser personalizado para lidar com vários tipos de dados, incluindo dados tabulares, texto e imagens. Cada tipo de dados requer técnicas específicas de pré-processamento e perturbação para gerar explicações significativas.

Dados tabulares

Para dados tabulares, o LIME perturba as caraterísticas de entrada através da amostragem de uma distribuição normal centrada nos valores das caraterísticas da instância a ser explicada. As instâncias perturbadas são então utilizadas para ajustar um modelo interpretável localmente, como uma regressão linear ou uma árvore de decisão.

Dados de texto

Para dados de texto, o LIME perturba o texto de entrada removendo ou alterando aleatoriamente palavras na instância a ser explicada. As instâncias perturbadas são então utilizadas para ajustar um modelo interpretável local, como uma regressão logística, para aproximar o comportamento do modelo de caixa negra.

Dados de imagem

Para dados de imagem, o LIME perturba a imagem de entrada segmentando-a em superpixéis e alterando ou removendo aleatoriamente alguns desses superpixéis. As instâncias perturbadas são então usadas para ajustar um modelo local interpretável, como uma regressão linear, para aproximar o comportamento do modelo de caixa preta.

Tratamento da classificação multiclasse

O LIME pode ser alargado para lidar com problemas de classificação multiclasse, gerando explicações para cada classe individualmente. Para cada classe, o LIME ajusta um modelo local interpretável e fornece explicações baseadas nas previsões do modelo para essa classe.

Lidar com a incerteza do modelo

Nos cenários em que o modelo de caixa negra apresenta uma incerteza elevada, o LIME pode fornecer intervalos de confiança para as explicações. Isto ajuda os utilizadores a compreender a fiabilidade das explicações e a tomar decisões informadas com base no nível de confiança.

Direcções futuras

Algoritmos melhorados

A investigação em curso tem por objetivo desenvolver algoritmos mais eficientes e precisos para calcular explicações LIME, em especial para espaços de caraterísticas de elevada dimensão e correlacionados. As melhorias nas técnicas de perturbação e nas funções de ponderação podem melhorar a qualidade das aproximações locais.

Integração com outros métodos XAI

A combinação do LIME com outros métodos de IA explicáveis, como o SHAP (SHapley Additive exPlanations) e as explicações contrafactuais, pode fornecer uma visão mais rica e abrangente do comportamento do modelo. Esta integração pode ajudar a resolver as limitações dos métodos individuais e oferecer uma visão holística da interpretabilidade do modelo.

Ferramentas de fácil utilização

O desenvolvimento de ferramentas e interfaces fáceis de utilizar para o LIME pode facilitar a sua adoção por partes interessadas não técnicas, promovendo a transparência e a confiança nos sistemas de IA. As ferramentas de visualização interactiva e os painéis de controlo podem ajudar os utilizadores a explorar e a compreender melhor as explicações dos modelos.

Aplicação em novos domínios

A expansão da aplicação do LIME a novos domínios, como a genómica, a gestão da energia e o planeamento urbano, pode demonstrar ainda mais a sua versatilidade e impacto. A adaptação do LIME para enfrentar os desafios e requisitos específicos destes domínios pode aumentar a sua utilidade e relevância.

Conclusão

O Local Interpretable Model-agnostic Explanations (LIME) é uma ferramenta poderosa e versátil para interpretar as previsões de modelos complexos de aprendizagem automática. Ao fornecer aproximações locais com modelos mais simples e interpretáveis, o LIME aumenta a transparência, a confiança e a responsabilidade nos sistemas de IA. A sua natureza agnóstica em relação aos modelos, a sua flexibilidade e a sua capacidade de gerar explicações locais fazem dela um recurso valioso em vários domínios, incluindo cuidados de saúde, finanças, marketing, jurídico, retalho, educação, recursos humanos, sistemas autónomos e monitorização ambiental. À medida que a investigação e o desenvolvimento em IA explicável continuam, o LIME está preparado para desempenhar um papel cada vez mais importante para tornar os sistemas de IA mais compreensíveis, fiáveis e éticos.

Gradientes integrados

Introdução

À medida que os modelos de aprendizagem automática, em particular as redes de aprendizagem profunda, se tornam mais complexos e integrados em várias aplicações, a compreensão dos seus processos de tomada de decisão torna-se cada vez mais importante. O Integrated Gradients (IG) é um método desenvolvido para interpretar as previsões destes modelos, atribuindo o resultado de um modelo às suas caraterísticas de entrada. Introduzido por Mukund Sundararajan, Ankur Taly e Qiqi Yan em 2017, o IG é amplamente reconhecido por sua solidez teórica e utilidade prática na explicação de redes neurais profundas. Este método fornece uma forma robusta de atribuir pontuações de importância às caraterísticas de entrada, aumentando assim a transparência e a fiabilidade dos modelos de aprendizagem automática.

Fundamentação teórica

Ideia básica

O objetivo do Integrated Gradients é atribuir a previsão de uma rede neuronal às suas caraterísticas de entrada de uma forma que satisfaça determinados axiomas de atribuição. Para o efeito, integra os gradientes da saída do modelo em relação às caraterísticas da entrada ao longo de um caminho que vai de uma entrada de base à entrada real.

Formulação matemática

Dado um modelo $\square$ e uma entrada $\square$ a atribuição de gradientes integrados para o $\square$ caraterística é definida como:

$$\mathrm{IG}_i(x) = (x_i - x_i') \int_{\alpha=0}^1 \frac{\partial F(x' + \alpha(x - x'))}{\partial x_i} d\alpha$$

em que x' é uma entrada de base, normalmente escolhida para representar uma entrada neutra ou zero, como uma imagem preta para tarefas de visão ou um vetor zero para dados tabulares.

Trajetória Integral

O integral na fórmula é calculado ao longo do percurso retilíneo desde a linha de base x' até à entrada x. Este integral do caminho capta a forma como a saída do modelo muda à medida que a entrada transita da linha de base para a entrada real, fornecendo assim uma visão abrangente da importância da caraterística.

Axiomas de atribuição

Os Gradientes Integrados satisfazem dois axiomas fundamentais que são importantes para as atribuições:

1. **Sensibilidade**: Se a entrada e a linha de base diferirem exatamente numa caraterística e o resultado do modelo variar, então a atribuição para essa caraterística deve ser igual à diferença no resultado.
2. **Invariância de implementação**: Se dois modelos têm um comportamento de entrada-saída idêntico, as atribuições geradas pelos Gradientes Integrados devem ser idênticas, independentemente das suas estruturas internas.

Vantagens dos gradientes integrados

Solidez teórica

O Integrated Gradients baseia-se numa estrutura teórica sólida que garante que as suas atribuições são significativas e consistentes. Ao satisfazer os axiomas de sensibilidade e invariância de implementação, o IG fornece atribuições de caraterísticas fiáveis e interpretáveis.

Modelo de diagnóstico

Embora seja utilizado principalmente com redes neurais profundas, o Integrated Gradients pode ser aplicado a qualquer modelo diferenciável. Esta natureza agnóstica do modelo aumenta a sua versatilidade e torna-o adequado para uma vasta gama de aplicações.

Robustez em relação às bases de referência

A escolha de uma linha de base adequada é crucial para atribuições significativas. Os Gradientes Integrados oferecem flexibilidade na seleção da linha de base e tendem a ser resistentes a diferentes escolhas, desde que a linha de base represente uma entrada neutra ou mínima.

Completude

Os gradientes integrados satisfazem uma propriedade de integralidade, o que significa que a soma das atribuições em todas as caraterísticas de entrada é igual à diferença entre o resultado do modelo para a entrada e a linha de base. Isto garante que as atribuições dão conta do resultado do modelo, fornecendo uma explicação abrangente.

Aplicações de gradientes integrados

Cuidados de saúde

Nos cuidados de saúde, a compreensão das previsões dos modelos é crucial para a confiança e a transparência, especialmente em aplicações críticas como o diagnóstico de doenças e o planeamento de tratamentos.

Exemplo: Diagnóstico de doenças

Considere uma rede neural treinada para diagnosticar a retinopatia diabética a partir de imagens da retina. Os Gradientes integrados podem ser utilizados para realçar as regiões da imagem que mais contribuem para a previsão do modelo. Isto ajuda os médicos a compreender e a validar as decisões do modelo, garantindo que o modelo se concentra em caraterísticas medicamente relevantes.

Exemplo: Recomendação de tratamento

Nos sistemas de recomendação de tratamento, os gradientes integrados podem identificar quais as caraterísticas do doente, como o historial médico e os resultados laboratoriais, que estão a conduzir as recomendações do modelo. Esta informação ajuda os médicos a compreender porque é que determinados tratamentos são sugeridos, facilitando a tomada de decisões clínicas mais bem informadas.

Finanças

No sector financeiro, a interpretabilidade dos modelos é essencial para garantir a conformidade com os requisitos regulamentares e criar confiança junto dos clientes.

Exemplo: Pontuação de crédito

Um modelo treinado para prever a capacidade de crédito com base em dados financeiros pode ser explicado usando Gradientes integrados. Ao identificar as caraterísticas mais influentes, como o rendimento, o historial de crédito e o rácio dívida/rendimento, os Gradientes Integrados ajudam os mutuantes a compreender por que razão foi atribuída uma determinada pontuação de crédito, garantindo transparência e equidade.

Exemplo: Deteção de fraudes

Na deteção de fraudes, os gradientes integrados podem realçar as caraterísticas da transação que contribuem para a previsão de fraude de um modelo. Isto ajuda os investigadores a identificar rapidamente padrões suspeitos e a compreender o raciocínio do modelo, melhorando a eficiência dos sistemas de deteção de fraudes.

Marketing

No marketing, compreender o comportamento e as preferências dos clientes é fundamental para conceber campanhas eficazes e melhorar o envolvimento dos clientes.

Exemplo: Previsão de rotatividade de clientes

Um modelo que prevê o abandono do cliente pode ser explicado utilizando Gradientes Integrados para identificar os factores que determinam o risco de abandono. Caraterísticas como a redução da frequência de utilização, o feedback negativo e as ofertas da concorrência podem ser destacadas, permitindo que os profissionais de marketing visem os clientes em risco com estratégias de retenção.

Exemplo: Recomendações personalizadas

Os Gradientes Integrados podem ser utilizados para explicar os sistemas de recomendação personalizados, identificando quais as caraterísticas dos clientes, como as compras anteriores e o histórico de navegação, que estão a influenciar as recomendações. Esta transparência ajuda a conceber campanhas de marketing mais relevantes e eficazes.

Jurídico e conformidade

Em contextos legais e regulamentares, é fundamental garantir a equidade e a responsabilidade dos modelos de aprendizagem automática.

Exemplo: Decisões de condenação e liberdade condicional

Os modelos de aprendizagem automática utilizados para ajudar nas decisões de condenação e liberdade condicional podem ser explicados utilizando Gradientes Integrados para destacar os factores que influenciam as recomendações do modelo. Esta transparência garante que as decisões são justas e baseadas em critérios legais relevantes, defendendo a justiça e as normas éticas.

Exemplo: Deteção de viés

Os gradientes integrados podem ser utilizados para detetar e atenuar enviesamentos nos modelos de aprendizagem automática. Ao analisar as atribuições, é possível identificar se determinadas caraterísticas, como a raça ou o género, estão a influenciar indevidamente as previsões do modelo. Isto ajuda a desenvolver modelos mais justos e equitativos.

Retalho

Os retalhistas utilizam os Gradientes Integrados para interpretar modelos de previsão da procura, gestão de inventário e recomendações personalizadas.

Exemplo: Previsão da procura

Um modelo de previsão da procura que preveja as vendas futuras pode ser explicado utilizando Gradientes Integrados para identificar os factores que impulsionam a procura de produtos específicos. Caraterísticas como dados históricos de vendas, campanhas promocionais e tendências sazonais podem ser destacadas, permitindo que os retalhistas tomem decisões informadas sobre o inventário e o marketing.

Exemplo: Experiências de compras personalizadas

Os Gradientes Integrados podem ser utilizados para explicar os sistemas de recomendação de compras personalizadas, identificando quais as caraterísticas do cliente, como o histórico de compras e as preferências, que estão a influenciar as recomendações. Isto ajuda os retalhistas a conceber experiências de compras mais personalizadas e envolventes.

Sistemas autónomos

No desenvolvimento de sistemas autónomos, como os automóveis autónomos e os drones, a compreensão dos processos de tomada de decisão dos modelos de aprendizagem automática é crucial para a segurança e a fiabilidade.

Exemplo: Carros autónomos

O modelo de tomada de decisões de um automóvel autónomo pode ser explicado utilizando Integrated Gradients para realçar as entradas dos sensores e os factores ambientais que influenciam as acções do modelo, como a deteção de faixas, a prevenção de obstáculos e o controlo da velocidade. Esta transparência é essencial para depurar e melhorar o desempenho dos sistemas de condução autónoma, garantindo que funcionam de forma segura e fiável em várias condições.

Exemplo: Navegação com drones

Para drones autónomos, os Gradientes Integrados podem ser utilizados para explicar as decisões do modelo relativamente à navegação e ao planeamento do caminho. Ao compreender quais as entradas, como as coordenadas GPS, os sensores de obstáculos e as condições ambientais, que estão a influenciar as acções do drone, os programadores podem melhorar a robustez e a precisão dos sistemas de navegação dos drones.

Desafios e considerações

Seleção da base de referência

A escolha de uma linha de base adequada é crucial para que as atribuições sejam significativas. A linha de base deve representar uma entrada neutra, como uma imagem preta para tarefas visuais ou um vetor zero para dados tabulares. No entanto, a escolha da linha de base pode afetar significativamente as atribuições resultantes. Nalguns casos, podem ser utilizadas várias linhas de base para proporcionar uma visão mais abrangente da importância das caraterísticas.

Exemplo: Linhas de base múltiplas

Na classificação de imagens, podem ser utilizados diferentes tipos de linhas de base, como imagens a preto, branco ou desfocadas, para compreender como diferentes caraterísticas contribuem para a previsão do modelo. A utilização de várias linhas de base pode ajudar a atenuar a influência de uma única escolha de linha de base e fornecer uma explicação mais robusta.

Complexidade computacional

O cálculo dos gradientes integrados envolve várias passagens para a frente e para trás através do modelo, o que pode ser computacionalmente dispendioso, especialmente para redes neurais profundas. Isto pode ser uma limitação quando se lida com grandes conjuntos de dados ou aplicações em tempo real.

Exemplo: Otimização da computação

Para otimizar a computação, é possível utilizar técnicas como a redução do número de passos na integração numérica ou a utilização de recursos de computação paralela. Além disso, podem ser utilizados métodos de amostragem para aproximar o integral de forma mais eficiente.

Sensibilidade à arquitetura do modelo

A eficácia dos gradientes integrados pode ser influenciada pela arquitetura do modelo subjacente. Por exemplo, os modelos com elevada complexidade e não linearidade podem produzir atribuições mais difíceis de interpretar.

Exemplo: Comparação de arquitecturas

Ao comparar diferentes arquitecturas de modelos, os gradientes integrados podem ajudar a identificar quais as arquitecturas que produzem atribuições mais interpretáveis. Isto pode orientar a seleção e o ajuste dos modelos para alcançar um equilíbrio entre desempenho e interpretabilidade.

Tratamento de dados de alta dimensão

Em dados de elevada dimensão, como imagens com milhões de pixéis, a interpretação das atribuições pode ser um desafio. Visualizar e resumir as atribuições de forma eficaz é crucial para obter informações significativas.

Exemplo: Técnicas de visualização

Para dados de elevada dimensão, podem ser utilizadas técnicas de visualização avançadas, como mapas de calor, mapas de saliência ou visualizações baseadas em superpixéis, para representar as atribuições. Essas visualizações ajudam a destacar os recursos mais importantes e fornecem uma compreensão mais clara do processo de tomada de decisão do modelo.

Direcções futuras

Algoritmos melhorados

A investigação em curso tem por objetivo desenvolver algoritmos mais eficientes e precisos para o cálculo de gradientes integrados, em especial para espaços de caraterísticas de elevada dimensão e correlacionados. As melhorias nas técnicas de integração numérica e no cálculo de gradientes podem melhorar a qualidade e a eficiência das atribuições.

Integração com outros métodos XAI

A combinação dos Gradientes Integrados com outros métodos de IA explicáveis, como o SHAP (SHapley Additive exPlanations) e o LIME (Local Interpretable Model-agnostic Explanations), pode proporcionar uma visão mais rica e abrangente do comportamento do modelo. Esta integração pode ajudar a resolver as limitações dos métodos individuais e oferecer uma visão holística da interpretabilidade do modelo.

Ferramentas de fácil utilização

O desenvolvimento de ferramentas e interfaces fáceis de utilizar para os gradientes integrados pode facilitar a sua adoção por partes interessadas não técnicas, promovendo a transparência e a confiança nos sistemas de IA. As ferramentas de visualização interactiva e os painéis de controlo podem ajudar os utilizadores a explorar e a compreender melhor as explicações do modelo.

Aplicação em novos domínios

A expansão da aplicação dos Gradientes Integrados a novos domínios, como a genómica, a gestão da energia e o planeamento urbano, pode demonstrar ainda mais a sua versatilidade e impacto. A adaptação dos Gradientes Integrados para responder aos desafios e requisitos específicos destes domínios pode aumentar a sua utilidade e relevância.

Conclusão

Os Gradientes Integrados são um método poderoso e versátil para interpretar as previsões de modelos complexos de aprendizagem automática. Ao atribuir o resultado do modelo às suas caraterísticas de entrada de uma forma que satisfaz importantes axiomas de atribuição, os Gradientes Integrados fornecem atribuições de caraterísticas fiáveis e interpretáveis. A sua natureza agnóstica em relação ao modelo, a sua robustez em relação à seleção da linha de base e a sua propriedade de exaustividade tornam-no adequado para uma vasta gama de aplicações, incluindo cuidados de saúde, finanças, marketing, direito, retalho, sistemas autónomos e monitorização ambiental.

À medida que a investigação e o desenvolvimento da IA explicável prosseguem, os gradientes integrados estão preparados para desempenhar um papel cada vez mais importante para tornar os sistemas de IA mais compreensíveis, fiáveis e éticos. Ao fornecer informações claras e acionáveis sobre o comportamento do modelo, os Gradientes Integrados ajudam a criar confiança e transparência na IA, abrindo caminho para a sua adoção responsável e generalizada.

1. Introdução

O advento da Inteligência Artificial (IA) revolucionou a forma como abordamos e resolvemos problemas complexos. Desde os sistemas baseados em regras até à aprendizagem automática, a IA tem evoluído progressivamente, permitindo que as máquinas executem tarefas que anteriormente se pensava exigirem inteligência humana. No entanto, o aparecimento da IA generativa representa um salto significativo nesta evolução, uma vez que permite às máquinas não só analisar e prever, mas também criar. A IA generativa refere-se ao subconjunto de modelos de inteligência artificial capazes de gerar novas instâncias de dados que se assemelham a um determinado conjunto de dados de treino. Estes modelos podem produzir texto, imagens, música, vídeo e outras formas de dados, muitas vezes com uma fidelidade notável aos conteúdos gerados por humanos.

A importância da IA generativa não pode ser exagerada. Tem o potencial de transformar as indústrias através da automatização de processos criativos, da geração de dados sintéticos para treino e teste, da melhoria da criação de conteúdos e muito mais. Além disso, a IA generativa está a alargar os limites do que é possível na IA, passando do simples reconhecimento de padrões nos dados para a criação efectiva de novos padrões que são indistinguíveis dos encontrados no mundo real.

Este documento tem como objetivo explorar as várias facetas da IA generativa, incluindo os seus conceitos, técnicas e aplicações subjacentes. Iremos aprofundar as tecnologias-chave que permitem a IA generativa, como as redes adversariais generativas (GAN), os autoencoders variacionais (VAE) e os modelos autoregressivos. Além disso, examinaremos as aplicações reais da IA generativa em diferentes sectores, o seu impacto na criatividade, as considerações éticas que suscita e os desafios e limitações associados à sua implementação. Por fim, analisaremos as direcções futuras da IA generativa, destacando áreas de investigação em curso e potenciais avanços.

Ao explorarmos estes tópicos, é essencial reconhecer que a IA generativa não é apenas uma realização técnica; representa um novo paradigma na colaboração homem-máquina. Ao permitir que as máquinas criem, a IA generativa está a esbater as linhas entre a criatividade humana e a artificial, levantando questões profundas sobre a natureza da criatividade, a autoria e o papel da IA na sociedade.

2. Compreender a IA generativa

A IA generativa é um ramo da inteligência artificial que se centra na criação de modelos capazes de gerar novos dados que reflectem a distribuição de um determinado conjunto de dados. Ao contrário dos modelos discriminativos, que aprendem a distinguir entre diferentes classes de dados, os modelos generativos aprendem a captar a distribuição subjacente dos dados e a utilizar este conhecimento para criar novas instâncias semelhantes.

O que é a IA generativa? Na sua essência, os modelos de IA generativa aprendem a distribuição de probabilidades dos dados de treino. Uma vez treinados, estes modelos podem gerar novos pontos de dados por amostragem a partir desta distribuição aprendida. Por exemplo, um modelo de IA generativa treinado em imagens de gatos pode gerar imagens totalmente novas de gatos que não existem no conjunto de dados de treino, mas que ainda se assemelham aos dados originais. Esta capacidade tem implicações de grande alcance, permitindo a criação de dados sintéticos realistas em várias formas, como imagens, áudio, texto e vídeo.

Modelos generativos vs. modelos discriminativos: Para compreender melhor a IA generativa, é útil contrastá-la com os modelos discriminativos. Os modelos discriminativos, como a regressão logística ou as máquinas de vectores de suporte, centram-se na aprendizagem da fronteira entre diferentes classes nos dados. São concebidos para prever um rótulo com base numa entrada (por exemplo, se uma imagem é de um gato ou de um cão). Os modelos generativos, por outro lado, têm como objetivo modelar a probabilidade conjunta dos dados de entrada e da sua etiqueta (se existir). Isto significa que podem ser utilizados não só para a classificação, mas também para gerar novas instâncias de dados que correspondam à distribuição dos dados de treino.

Tipos de dados gerados: A IA generativa pode produzir uma vasta gama de tipos de dados, cada um com as suas aplicações específicas:

- **Texto:** Os modelos generativos como o GPT-3 podem produzir texto coerente e contextualmente relevante, desde frases simples a artigos inteiros.
- **Imagens:** Os GANs são particularmente poderosos na geração de imagens de alta qualidade que podem ser utilizadas em vários domínios, desde a arte à imagiologia médica.
- **Música:** A IA generativa pode compor música, criando novas melodias ou composições completas que imitam o estilo de géneros ou artistas específicos.
- **Vídeo:** Embora mais difícil devido à dimensão temporal, a IA generativa está a ser cada vez mais utilizada para gerar sequências de vídeo realistas, incluindo deepfakes e ambientes sintéticos.

- **Modelos 3D:** Nos jogos e na realidade virtual, a IA generativa pode criar modelos e ambientes 3D complexos, melhorando o realismo e a variedade dos mundos virtuais.

Ao compreender estes conceitos fundamentais, ficamos a conhecer as poderosas capacidades da IA generativa e as suas potenciais aplicações em diferentes domínios.

3. Técnicas fundamentais da IA generativa

A IA generativa é alimentada por várias técnicas-chave, cada uma das quais contribui para a sua capacidade de gerar dados realistas e úteis. Estas técnicas incluem Redes Adversárias Generativas (GAN), Autoencoders Variacionais (VAEs), modelos autoregressivos, modelos baseados em fluxo e modelos de difusão. Cada uma destas abordagens tem os seus pontos fortes e aplicações e, em conjunto, formam a espinha dorsal da IA generativa moderna.

Redes Adversariais Generativas (GANs): As GAN, introduzidas por Ian Goodfellow e seus colegas em 2014, são uma das técnicas mais populares e influentes na IA generativa. Uma GAN consiste em duas redes neurais: o gerador e o discriminador. O gerador cria novas instâncias de dados, enquanto o discriminador avalia a sua autenticidade comparando-as com dados reais. As duas redes são treinadas simultaneamente num processo em que o gerador tenta produzir dados que enganam o discriminador, e o discriminador melhora a sua capacidade de distinguir entre dados reais e gerados. Este processo contraditório continua até que o gerador produza dados indistinguíveis dos dados reais. As GANs têm sido utilizadas para gerar imagens, vídeos e até mesmo texto altamente realistas, e têm encontrado aplicações em vários domínios, incluindo arte, moda e entretenimento.

Autoencodificadores variacionais (VAEs): Os VAEs são outra técnica poderosa na IA generativa, particularmente adequada para gerar novos pontos de dados que se assemelham aos dados de treino. Os VAEs são constituídos por um codificador e um descodificador. O codificador mapeia os dados de entrada para um espaço latente, uma representação de dimensão inferior, enquanto o descodificador reconstrói os dados a partir deste espaço latente. As VAEs introduzem um elemento probabilístico ao codificar os dados numa distribuição em vez de num único ponto. Isto permite a geração de novos dados por amostragem a partir da distribuição do espaço latente. As VAEs são particularmente úteis em cenários em que é importante controlar o processo de geração, como na geração de imagens com atributos específicos ou na criação de novas moléculas de medicamentos na indústria farmacêutica.

Modelos auto-regressivos: Os modelos auto-regressivos, como a família GPT (Generative Pre-trained Transformer), geram dados através da previsão do elemento seguinte numa sequência com base nos elementos anteriores. Estes modelos são particularmente poderosos na geração de texto, onde a sequência de palavras é importante. O GPT-3, por exemplo, pode gerar texto semelhante ao humano que é contextualmente relevante e coerente em passagens longas. Os modelos auto-regressivos também são utilizados noutros domínios, como a síntese de voz e a previsão de séries temporais, em que os dados sequenciais são predominantes.

Modelos baseados em fluxo: Os modelos baseados em fluxo utilizam transformações invertíveis para mapear os dados de entrada para uma distribuição simples, como uma distribuição Gaussiana, e vice-versa. Isto permite-lhes gerar novos dados por amostragem a partir da distribuição simples e aplicar as transformações inversas. Os modelos baseados no fluxo são únicos na medida em que permitem uma estimativa exacta da verosimilhança, o que os torna úteis em cenários em que é importante compreender a distribuição de probabilidade subjacente dos dados. Estes modelos têm sido aplicados na geração de imagens, na deteção de anomalias e noutras áreas em que a interpretabilidade do processo generativo é importante.

Modelos de difusão: Os modelos de difusão são uma nova classe de modelos generativos que funcionam transformando gradualmente o ruído em dados através de um processo de difusão inversa. Começam com ruído puro e refinam-no iterativamente até se tornar uma instância de dados coerente. Os modelos de difusão têm-se mostrado promissores na geração de imagens de alta qualidade e outros tipos de dados, e oferecem uma alternativa aos GANs e VAEs com a sua abordagem única à geração de dados.

Cada uma destas técnicas tem os seus pontos fortes e é adequada a diferentes tipos de tarefas generativas. Juntas, fornecem um conjunto de ferramentas diversificado para a construção de modelos generativos poderosos que podem criar dados realistas e úteis em vários domínios.

4. Aplicações da IA generativa

A IA generativa é uma tecnologia versátil com uma vasta gama de aplicações em diferentes sectores. A sua capacidade de criar dados realistas e inovadores abriu novas possibilidades em domínios como a criação de conteúdos, o aumento de dados, os cuidados de saúde e o entretenimento. De seguida, exploramos algumas das principais aplicações da IA generativa.

Criação de conteúdos: Uma das aplicações mais visíveis da IA generativa é a criação de conteúdos. O conteúdo gerado por IA está a tornar-se cada vez mais predominante em várias formas, incluindo texto, imagens e vídeo. Por exemplo, ferramentas como o GPT-3 da OpenAI podem gerar texto de alta qualidade para publicações em blogues, artigos e até mesmo escrita criativa. Do mesmo modo, os GAN podem criar imagens realistas que são utilizadas em publicidade, design e arte digital. Na indústria do entretenimento, a IA generativa está a ser utilizada para criar novas faixas de música, gerar recursos para videojogos e até produzir filmes completos. A capacidade de automatizar a criação de conteúdos não só poupa tempo, como também permite a geração de conteúdos a uma escala anteriormente inimaginável.

Aumento de dados: A IA generativa é também amplamente utilizada no aumento de dados, particularmente em cenários em que a recolha de dados reais é difícil ou dispendiosa. Na aprendizagem automática, ter um conjunto de dados grande e diversificado é crucial para treinar modelos robustos. No entanto, em alguns casos, os dados disponíveis podem ser limitados ou desequilibrados. Os modelos generativos podem ser utilizados para criar dados sintéticos que aumentam o conjunto de dados existente, melhorando o desempenho dos algoritmos de aprendizagem automática. Por exemplo, na imagiologia médica, a IA generativa pode criar exames sintéticos que ajudam a treinar modelos para detetar doenças raras. Na condução autónoma, a IA generativa pode simular vários cenários de condução, fornecendo dados de treino adicionais para carros autónomos.

Cuidados de saúde: Nos cuidados de saúde, a IA generativa está a dar contributos significativos em áreas como a descoberta de medicamentos, a imagiologia médica e a medicina personalizada. Por exemplo, a IA generativa pode ser utilizada para conceber novas moléculas de medicamentos, gerando estruturas químicas com as propriedades desejadas. Isto acelera o processo de descoberta de medicamentos, conduzindo potencialmente a novos tratamentos para doenças. Na imagiologia médica, a IA generativa pode melhorar imagens, gerar exames sintéticos e até ajudar a reconstruir dados em falta ou corrompidos. Estas capacidades são particularmente valiosas para melhorar a precisão e a fiabilidade dos diagnósticos médicos. Além disso, a IA generativa pode ser utilizada para criar planos de tratamento personalizados, gerando simulações da forma como diferentes tratamentos podem afetar cada paciente.

Jogos e mundos virtuais: A indústria dos jogos é outra área em que a IA generativa está a ter um impacto profundo. Os modelos generativos são utilizados para criar ambientes, personagens e histórias de jogos realistas e diversificados. Por exemplo, a geração de conteúdos processuais, alimentada pela IA generativa, permite aos criadores de jogos criar mundos virtuais vastos e complexos que são diferentes para cada jogador. Isto melhora a experiência de jogo ao proporcionar infinitas possibilidades de exploração e interação. Na realidade virtual e na realidade aumentada, a IA generativa é utilizada para criar ambientes imersivos e simulações realistas, tornando estas experiências mais envolventes e realistas.

Artes criativas e design: A IA generativa também está a ser utilizada nos domínios das artes criativas e do design. Os artistas e designers estão a utilizar a IA para criar novas obras de arte, desde pinturas digitais a designs de moda. Por exemplo, a IA generativa pode ser utilizada para criar padrões e texturas únicos para vestuário ou para conceber novos produtos que combinem estética e funcionalidade. Na arquitetura, a IA generativa está a ser utilizada para gerar projectos de edifícios que optimizam factores como a eficiência energética, a utilização do espaço e o apelo estético. A capacidade de gerar e iterar rapidamente os projectos permite aos criadores explorar uma gama mais vasta de possibilidades e ultrapassar os limites do design tradicional.

Estas aplicações demonstram a versatilidade e o poder da IA generativa em vários domínios. À medida que a tecnologia continua a evoluir, podemos esperar o aparecimento de aplicações ainda mais inovadoras e impactantes.

5. Modelos generativos na arte e na criatividade

A IA generativa não é apenas uma ferramenta para automatizar tarefas ou resolver problemas técnicos; é também um poderoso meio de expressão artística e criatividade. Ao permitir que as máquinas criem obras de arte originais, música, literatura e muito mais, a IA generativa está a transformar o processo criativo e a desafiar as noções tradicionais de autoria e criatividade.

A IA na arte: A IA generativa tem feito incursões significativas no mundo das artes visuais. Os artistas estão a utilizar a IA para criar pinturas digitais, esculturas e outras formas de arte visual que ultrapassam os limites da estética tradicional. Por exemplo, a obra de arte gerada por IA "Portrait of Edmond de Belamy" foi criada com recurso a uma Rede Adversária Generativa (GAN) e foi vendida em leilão por mais de 432 000 dólares, realçando o valor e o potencial da arte gerada por IA. As GAN são particularmente adequadas para a criação de arte visual porque podem gerar imagens altamente detalhadas e realistas que são difíceis de distinguir das criadas por artistas humanos. Além disso, a IA generativa permite que os artistas explorem novos estilos, técnicas e composições que poderiam não ser possíveis com os métodos tradicionais.

Criatividade colaborativa: A IA generativa está também a promover novas formas de colaboração entre humanos e máquinas. Em vez de substituir os artistas humanos, a IA generativa funciona como um parceiro criativo que pode inspirar e ajudar no processo criativo. Por exemplo, os músicos podem utilizar a IA para gerar novas melodias, harmonias ou ritmos, que podem depois incorporar nas suas composições. Do mesmo modo, os escritores podem utilizar a IA para gerar ideias, enredos ou mesmo passagens inteiras de texto que podem aperfeiçoar e editar. Esta abordagem colaborativa à criatividade permite que os artistas experimentem novas ideias e ultrapassem os limites do seu trabalho, mantendo o controlo criativo sobre o produto final.

O impacto nas indústrias criativas: A integração da IA generativa nas indústrias criativas, como a moda, o design, o cinema e a música, está a ter um impacto profundo. Na moda, os designers estão a utilizar a IA para gerar padrões únicos, têxteis e até colecções inteiras. Isto permite uma rápida prototipagem e experimentação de novos designs, ajudando a colocar produtos inovadores no mercado mais rapidamente. Na indústria cinematográfica, a IA generativa está a ser utilizada para criar efeitos especiais, gerar personagens realistas e até desenvolver novos enredos. Por exemplo, a IA pode ser utilizada para criar actores virtuais que actuam em filmes ou gerar efeitos CGI realistas que melhoram a experiência visual. Na música, as composições geradas por IA estão a ser utilizadas em tudo, desde anúncios publicitários a longas-metragens, proporcionando bandas sonoras novas e originais que complementam os elementos visuais.

Desafios e oportunidades: Embora a IA generativa ofereça oportunidades interessantes para a criatividade, também levanta vários desafios. Um dos principais desafios é a questão da autoria e da propriedade. Quando uma IA gera uma obra de arte ou música, a quem pertencem os direitos de autor? Será o artista que treinou a IA, o programador que criou o modelo ou a própria IA? Estas questões ainda estão a ser debatidas e provavelmente exigirão novos enquadramentos legais e éticos para as resolver. Além disso, existe o desafio de garantir que os conteúdos gerados por IA são utilizados de forma ética e responsável, em especial quando se trata de deepfakes e outras formas de meios sintéticos que podem ser utilizados para enganar ou manipular.

Em conclusão, a IA generativa está a transformar as artes criativas ao permitir novas formas de expressão e colaboração. À medida que os artistas e criadores continuam a explorar as possibilidades desta tecnologia, podemos esperar ver obras de arte ainda mais inovadoras e estimulantes que desafiam a nossa compreensão da criatividade e do papel da IA no processo criativo.

6. IA generativa nas empresas e na indústria

A IA generativa está a ser cada vez mais adoptada em várias aplicações comerciais e industriais, onde a sua capacidade de gerar dados, desenhos e modelos pode impulsionar a inovação, melhorar a eficiência e abrir novos fluxos de receitas. Abaixo, exploramos algumas das principais áreas em que a IA generativa está a ter um impacto nos negócios e na indústria.

Conceção e prototipagem de produtos: Uma das aplicações mais significativas da IA generativa na indústria é a conceção e a criação de protótipos de produtos. Os processos de conceção tradicionais podem ser morosos e dispendiosos, exigindo frequentemente várias iterações e protótipos físicos. A IA generativa pode simplificar este processo, gerando automaticamente opções de design que satisfazem critérios específicos, tais como restrições materiais, requisitos funcionais ou preferências estéticas. Por exemplo, um modelo de IA generativa pode criar uma gama de possíveis designs para um novo produto de consumo, como um componente de um automóvel ou uma peça de mobiliário, cada um optimizado para diferentes factores como resistência, peso ou custo. Os engenheiros e designers podem então selecionar os designs mais promissores para desenvolvimento posterior, reduzindo significativamente o tempo e o custo de colocação de novos produtos no mercado.

Marketing e personalização: No domínio do marketing, a IA generativa está a ser utilizada para criar conteúdos personalizados que se repercutem nos consumidores individuais. O marketing personalizado demonstrou ser mais eficaz do que a publicidade genérica, uma vez que permite às marcas adaptarem as suas mensagens às necessidades, preferências e comportamentos específicos dos seus clientes. A IA generativa pode automatizar a criação de materiais de marketing personalizados, como e-mails, anúncios e publicações nas redes sociais, gerando conteúdo personalizado para cada utilizador. Por exemplo, uma campanha de marketing por correio eletrónico orientada por IA pode gerar recomendações de produtos personalizadas para cada destinatário com base nas suas compras anteriores, histórico de navegação e informações demográficas. Este nível de personalização pode levar a taxas de envolvimento mais elevadas, a uma maior fidelização dos clientes e, por fim, a vendas mais elevadas.

Modelação financeira: No sector financeiro, a IA generativa está a ser utilizada para criar modelos que simulam diferentes cenários de mercado, ajudando as instituições financeiras a gerir o risco e a tomar decisões de investimento informadas. Os modelos financeiros tradicionais baseiam-se frequentemente em dados históricos e podem ter dificuldade em prever eventos raros ou sem precedentes. A IA generativa pode gerar dados sintéticos que simulam uma vasta gama de cenários futuros possíveis, incluindo eventos extremos que podem não estar bem representados nos dados históricos. Isto permite que os analistas financeiros testem os seus modelos e estratégias em relação a uma gama mais vasta de potenciais resultados, melhorando a sua capacidade de gerir o risco e otimizar os retornos. Além disso, a IA generativa pode ser utilizada para criar dados financeiros sintéticos para treinar modelos de aprendizagem automática, reduzindo a dependência de dados sensíveis ou proprietários.

Otimização da cadeia de abastecimento: A gestão da cadeia de fornecimento é outra área em que a IA generativa está a ter um impacto significativo. As cadeias de abastecimento são sistemas complexos que envolvem várias partes interessadas, processos e restrições, e a sua otimização pode ser um desafio. A IA generativa pode ajudar gerando modelos que simulam diferentes configurações da cadeia de abastecimento e prevêem os resultados de várias decisões, tais como alterações nas relações com os fornecedores, níveis de inventário ou rotas de transporte. Ao explorar uma vasta gama de cenários possíveis, os gestores da cadeia de abastecimento podem identificar as configurações mais eficientes e resilientes, reduzindo custos, minimizando atrasos e melhorando a satisfação do cliente. Além disso, a IA generativa pode ser utilizada para otimizar os calendários de produção, a gestão de inventário e a logística, aumentando ainda mais a eficiência das operações da cadeia de abastecimento.

Inovação e investigação: Para além das aplicações específicas, a IA generativa está também a impulsionar a inovação e a investigação em várias indústrias. Por exemplo, na indústria farmacêutica, a IA generativa está a ser utilizada para descobrir novos medicamentos, gerando novos compostos químicos com as propriedades terapêuticas desejadas. Na indústria automóvel, a IA generativa está a ser utilizada para conceber novos componentes de veículos que são mais leves, mais fortes e mais eficientes. No sector aeroespacial, a IA generativa está a ajudar a otimizar a conceção das estruturas das aeronaves, reduzindo o peso e melhorando a eficiência do combustível. Estes exemplos realçam o potencial da IA generativa para acelerar a inovação e impulsionar o progresso numa vasta gama de domínios.

Em resumo, a IA generativa está a transformar os negócios e a indústria, permitindo novas formas de conceber produtos, otimizar operações e interagir com os clientes. À medida que as empresas continuam a adotar esta tecnologia, podemos esperar ver aplicações ainda mais inovadoras que impulsionam o crescimento, a eficiência e a vantagem competitiva.

7. Considerações éticas sobre a IA generativa

À medida que a IA generativa se generaliza, levanta uma série de considerações éticas que devem ser cuidadosamente abordadas para garantir que a tecnologia é utilizada de forma responsável. Estas questões éticas são particularmente importantes dado o potencial da IA generativa para produzir conteúdos sintéticos altamente realistas que podem influenciar a perceção pública, a privacidade e até o comportamento social. De seguida, exploramos algumas das principais considerações éticas da IA generativa.

Deepfakes e desinformação: Uma das preocupações éticas mais proeminentes relacionadas com a IA generativa é a criação de deepfakes - meios de comunicação sintéticos, como imagens, vídeos ou gravações áudio, que são gerados para parecerem e soarem como pessoas reais. Os deepfakes podem ser utilizados para vários fins, alguns dos quais são benignos ou mesmo benéficos, como no entretenimento ou na educação. No entanto, os deepfakes também podem ser utilizados de forma maliciosa para espalhar desinformação, manipular a opinião pública ou prejudicar indivíduos. Por exemplo, um vídeo deepfake pode ser criado para fazer parecer que uma figura pública disse ou fez algo que não fez, provocando a indignação do público ou mesmo influenciando eleições. O desafio ético consiste em equilibrar as utilizações criativas e benéficas da IA generativa com a necessidade de evitar a sua utilização indevida.

Preconceito e equidade: Os modelos de IA generativa são treinados em grandes conjuntos de dados e a qualidade do conteúdo gerado é fortemente influenciada pela qualidade dos dados de treino. Se os dados de treino contiverem enviesamentos, estes podem ser perpetuados ou mesmo amplificados no conteúdo gerado. Por exemplo, se um modelo de IA generativa for treinado num conjunto de dados que sub-representa certos grupos demográficos, o modelo pode produzir resultados tendenciosos que não reflectem com precisão a diversidade da população. Isto pode levar a resultados injustos ou discriminatórios, particularmente em aplicações como marketing personalizado, contratação ou aplicação da lei. Garantir a equidade e minimizar o enviesamento na IA generativa requer uma atenção cuidadosa à seleção, curadoria e aumento dos dados de treino, bem como à monitorização e avaliação contínuas dos resultados do modelo.

Preocupações com a propriedade intelectual: A utilização da IA generativa levanta questões complexas sobre os direitos de propriedade intelectual, especialmente no que diz respeito à propriedade e autoria do conteúdo gerado pela IA. Quando um modelo de IA gera uma peça de arte, música ou texto, a quem pertencem os direitos de autor? É o programador que criou o modelo, o utilizador que forneceu os dados de entrada ou a própria IA? Estas questões ainda não estão totalmente resolvidas e os quadros jurídicos que regem a propriedade intelectual poderão ter de ser actualizados para responder aos desafios únicos colocados pela IA generativa. Além disso, existe o risco de a IA generativa poder ser utilizada para violar os direitos de propriedade intelectual de terceiros, gerando conteúdos demasiado semelhantes a obras existentes ou copiando elementos protegidos dos dados de formação.

Privacidade e segurança dos dados: Os modelos de IA generativa requerem frequentemente grandes quantidades de dados para treino, alguns dos quais podem ser sensíveis ou pessoalmente identificáveis. A utilização desses dados suscita preocupações quanto à privacidade e à segurança dos dados, sobretudo se os dados não forem devidamente anonimizados ou se o modelo for capaz de gerar resultados que revelem informações sensíveis. Por exemplo, um modelo de IA generativa treinado em registos médicos pode potencialmente gerar dados sintéticos que exponham inadvertidamente informações sobre o paciente. Garantir a privacidade e a segurança dos dados na IA generativa requer medidas robustas de proteção de dados, incluindo encriptação, anonimização e armazenamento seguro dos dados de formação, bem como uma análise cuidadosa das implicações éticas da utilização de determinados tipos de dados.

Responsabilidade e transparência: À medida que a IA generativa se torna mais integrada em várias aplicações, há uma necessidade crescente de responsabilização e transparência na forma como estes modelos são desenvolvidos, implementados e utilizados. Os utilizadores e as partes interessadas devem ter uma compreensão clara de como funcionam os modelos de IA generativa, em que dados são treinados e como são gerados os seus resultados. Isto é particularmente importante em aplicações de alto risco, como os cuidados de saúde ou as finanças, onde as consequências das decisões geradas pela IA podem ser significativas. A transparência também se estende à explicabilidade dos modelos de IA generativa, garantindo que os utilizadores possam compreender e confiar nos resultados produzidos por estes modelos. Além disso, são necessários mecanismos de responsabilização para resolver os casos em que a IA generativa é utilizada de forma inadequada ou em que os seus resultados causam danos.

Quadros éticos e diretrizes: Para abordar estas considerações éticas, é importante desenvolver quadros e diretrizes éticas para a utilização responsável da IA generativa. Estes quadros devem ser informados por uma colaboração interdisciplinar, reunindo conhecimentos da investigação em IA, da ética, do direito e das ciências sociais. Devem também ser suficientemente flexíveis para se adaptarem ao ritmo acelerado da evolução tecnológica, garantindo que se mantêm relevantes à medida que surgem novos desafios e oportunidades. Além disso, é necessária uma supervisão regulamentar para garantir que a IA generativa é utilizada de forma a estar em conformidade com os valores sociais e a proteger os direitos e o bem-estar dos indivíduos.

Em conclusão, embora a IA generativa ofereça benefícios significativos, também levanta importantes considerações éticas que devem ser cuidadosamente abordadas. Ao desenvolver e aderir a quadros éticos, podemos garantir que a IA generativa é utilizada de forma responsável e que o seu potencial é aproveitado para o benefício de todos.

8. Desafios e limitações da IA generativa

Embora a IA generativa tenha feito progressos notáveis nos últimos anos, ainda enfrenta vários desafios e limitações que afectam o seu desempenho, escalabilidade e adoção mais ampla. Compreender estes desafios é crucial para investigadores, programadores e profissionais que estão a trabalhar para fazer avançar o campo e aplicar a IA generativa em cenários do mundo real. De seguida, exploramos alguns dos principais desafios e limitações da IA generativa.

Qualidade dos dados gerados: Um dos principais desafios da IA generativa é garantir a qualidade dos dados gerados. Embora modelos como os GAN e os VAE tenham demonstrado capacidades impressionantes, nem sempre são capazes de produzir resultados indistinguíveis dos dados reais. Por exemplo, os GAN podem sofrer de problemas como o colapso do modo, em que o gerador produz uma variedade limitada de resultados, levando a uma falta de diversidade nos dados gerados. Além disso, a qualidade do conteúdo gerado pode ser inconsistente, sendo alguns resultados altamente realistas enquanto outros apresentam artefactos ou erros visíveis. Melhorar a qualidade e a consistência dos dados gerados continua a ser um desafio permanente, especialmente em domínios mais complexos, como a geração de vídeo ou o processamento de linguagem natural.

Recursos computacionais: O treino e a implementação de modelos de IA generativa, especialmente modelos de grande escala, requerem recursos computacionais significativos. Modelos como GANs, VAEs e transformadores podem ser computacionalmente intensivos, exigindo grandes quantidades de memória, capacidade de processamento e energia. Isto representa um desafio para as organizações que podem não ter acesso à infraestrutura necessária, como GPUs de alto desempenho ou recursos de computação em nuvem. Além disso, o impacto ambiental do treino de grandes modelos de IA é uma preocupação crescente, uma vez que contribui para o aumento do consumo de energia e das emissões de carbono. A resolução destes desafios exigirá avanços na eficiência dos modelos, bem como o desenvolvimento de abordagens mais sustentáveis à formação e implementação da IA.

Interpretabilidade e controlo: Outro desafio da IA generativa é a interpretabilidade e o controlo dos resultados dos modelos. Os modelos generativos, particularmente os modelos baseados em aprendizagem profunda, são muitas vezes considerados "caixas negras", tornando difícil compreender como produzem os seus resultados ou porque geram determinados resultados. Esta falta de interpretabilidade pode ser problemática em aplicações onde a transparência é importante, como nos cuidados de saúde ou nas finanças. Além disso, o controlo dos resultados dos modelos de IA generativa pode ser um desafio, especialmente quando se trata de garantir que o conteúdo gerado satisfaz critérios específicos ou cumpre diretrizes éticas. Por exemplo, garantir que o texto gerado pela IA não contém linguagem prejudicial ou tendenciosa requer uma monitorização cuidadosa e mecanismos de controlo.

Escalabilidade: À medida que os modelos de IA generativa se tornam mais complexos e são aplicados a conjuntos de dados maiores, a escalabilidade torna-se um desafio significativo. Os modelos de treino em grandes conjuntos de dados, como os utilizados no processamento de linguagem natural ou na geração de imagens, requerem recursos computacionais substanciais e podem ser demorados. Além disso, a implementação de modelos de IA generativa em escala, particularmente em aplicações em tempo real, requer técnicas de inferência eficientes que possam lidar com grandes volumes de dados, mantendo o desempenho. Os desafios de escalabilidade também se estendem à implementação de modelos de IA generativa em ambientes de computação de ponta, onde os recursos são limitados e a latência é crítica.

Implicações éticas e sociais: Como discutido na secção anterior, a IA generativa levanta importantes desafios éticos e sociais que podem ter impacto na sua adoção e aceitação. O potencial de utilização indevida, parcialidade e preocupações com a privacidade deve ser cuidadosamente gerido para garantir que a IA generativa é utilizada de forma responsável. Além disso, há implicações sociais mais amplas a considerar, como o impacto do conteúdo gerado pela IA no emprego, na criatividade e na cultura. A resolução destes desafios exigirá um diálogo contínuo entre investigadores, decisores políticos e partes interessadas para desenvolver estruturas que promovam a utilização ética da IA generativa, minimizando os seus potenciais danos.

Dependência de dados: Os modelos de IA generativa estão fortemente dependentes da qualidade e quantidade de dados de treino. Se os dados de treino forem tendenciosos, incompletos ou não representativos, os resultados gerados reflectirão provavelmente essas deficiências. Isto pode levar a resultados tendenciosos ou incorrectos, o que pode ter consequências graves em aplicações críticas. Além disso, os modelos de IA generativa requerem grandes quantidades de dados para obter resultados de alta qualidade, o que pode ser uma limitação em cenários em que os dados são escassos ou difíceis de obter. O desenvolvimento de técnicas para treinar modelos de IA generativa com dados limitados ou imperfeitos é um desafio de investigação permanente.

Generalização: A generalização, ou a capacidade de um modelo produzir resultados exactos em dados novos e não vistos, é um desafio fundamental na IA generativa. Embora muitos modelos de IA generativa sejam capazes de produzir resultados realistas quando treinados em conjuntos de dados específicos, podem ter dificuldade em generalizar para dados novos ou diversos. Por exemplo, um GAN treinado em imagens de um tipo específico de objeto pode não ter um bom desempenho ao gerar imagens de um objeto diferente. Melhorar as capacidades de generalização dos modelos de IA generativa é importante para a sua maior aplicabilidade em diferentes domínios e tarefas.

Em conclusão, embora a IA generativa tenha feito progressos significativos, continua a enfrentar uma série de desafios e limitações que têm de ser resolvidos para concretizar plenamente o seu potencial. A investigação e a inovação contínuas serão fundamentais para ultrapassar estes desafios e fazer avançar o domínio da IA generativa.

9. Direcções futuras da IA generativa

O domínio da IA generativa está a evoluir rapidamente e existem várias direcções promissoras para a investigação e o desenvolvimento futuros. Estas direcções futuras visam abordar os desafios actuais, melhorar as capacidades dos modelos de IA generativa e expandir as suas aplicações em diferentes domínios. De seguida, exploramos algumas das principais áreas em que se espera que a IA generativa avance nos próximos anos.

Melhorar a eficiência dos modelos: Uma das principais áreas de interesse para a investigação futura em IA generativa é a melhoria da eficiência dos modelos. Isto inclui a redução dos recursos computacionais necessários para a formação e a inferência, bem como o desenvolvimento de modelos mais eficientes em termos energéticos. Estão a ser exploradas técnicas como a poda de modelos, a quantização e a destilação de conhecimentos para criar modelos leves que possam ser implementados em ambientes com recursos limitados, como dispositivos móveis ou plataformas de computação de ponta. Além disso, a investigação está a ser conduzida no desenvolvimento de novas arquitecturas e métodos de formação que reduzem o tempo e o custo da formação de modelos de IA generativa, tornando-os mais acessíveis a um maior número de utilizadores e organizações.

Avanços na arquitetura de modelos: À medida que a IA generativa continua a evoluir, estão a ser desenvolvidas novas arquitecturas de modelos para melhorar as capacidades dos modelos generativos. Por exemplo, os investigadores estão a explorar a utilização de modelos híbridos que combinam os pontos fortes de diferentes técnicas generativas, como GANs e VAEs, para melhorar a qualidade e a diversidade do conteúdo gerado. Além disso, há um interesse crescente no desenvolvimento de modelos generativos mais interpretáveis e controláveis, que podem proporcionar uma melhor compreensão do processo de geração e permitir que os utilizadores orientem os resultados de forma mais eficaz. Espera-se também que os avanços na arquitetura dos modelos melhorem a escalabilidade e a generalização dos modelos de IA generativa, permitindo a sua aplicação a uma gama mais vasta de tarefas e conjuntos de dados.

IA generativa na colaboração entre humanos e IA: À medida que a IA generativa se torna mais sofisticada, há um potencial crescente para a sua utilização na colaboração entre humanos e IA. Neste contexto, a IA generativa pode servir como um parceiro criativo que ajuda os humanos a gerar ideias, a explorar novas possibilidades e a resolver problemas complexos. Por exemplo, na conceção e na engenharia, a IA generativa pode sugerir soluções inovadoras ou otimizar as concepções com base em critérios específicos, enquanto os seres humanos tomam a decisão final e a aperfeiçoam. Em domínios criativos como a arte, a música e a escrita, a IA generativa pode inspirar novas obras ou gerar rascunhos sobre os quais os criadores humanos se podem basear. A investigação nesta área está centrada no desenvolvimento de ferramentas e interfaces que facilitem a colaboração perfeita entre humanos e IA, melhorando o processo criativo e capacitando os utilizadores para atingirem os seus objectivos.

Quadros éticos e regulamentos: À medida que a IA geradora se integra cada vez mais na sociedade, há uma necessidade crescente de desenvolver quadros éticos e regulamentos que regulem a sua utilização. Estes quadros devem abordar os potenciais riscos e desafios associados à IA generativa, como a parcialidade, as preocupações com a privacidade e a utilização indevida de conteúdos gerados por IA. Espera-se que a investigação futura nesta área se concentre na criação de diretrizes e melhores práticas para o desenvolvimento e implementação responsáveis de modelos de IA generativa, bem como na exploração do papel dos organismos reguladores na supervisão da utilização da IA generativa. Além disso, é necessária uma colaboração interdisciplinar entre investigadores de IA, especialistas em ética, decisores políticos e outras partes interessadas, para garantir que os benefícios da IA generativa se concretizem de uma forma que se alinhe com os valores e normas sociais.

Investigação interdisciplinar: O futuro da IA geradora será moldado pela investigação interdisciplinar que reúne conhecimentos de IA, ciências cognitivas, ética, direito e outros domínios. Por exemplo, a ciência cognitiva pode fornecer informações valiosas sobre a forma como os seres humanos percepcionam e processam os conteúdos gerados pela IA, conduzindo ao desenvolvimento de modelos mais fáceis de utilizar e interpretar. Do mesmo modo, a investigação no domínio da ética e do direito pode contribuir para a criação de políticas e quadros que abordem as implicações sociais da IA geradora. Ao promover a colaboração entre disciplinas, os investigadores podem desenvolver modelos de IA generativa mais robustos e responsáveis que tenham em conta o contexto mais vasto em que são utilizados.

IA generativa em aplicações em tempo real: Outra área interessante de investigação futura é a aplicação da IA generativa em cenários em tempo real, como jogos de vídeo, realidade virtual e actuações ao vivo. A IA generativa em tempo real requer modelos que possam gerar conteúdos de alta qualidade de forma rápida e eficiente, com uma latência mínima. Espera-se que os avanços nesta área permitam experiências mais imersivas e interactivas, em que o conteúdo gerado pela IA seja perfeitamente integrado em ambientes em tempo real. Por exemplo, a IA generativa poderá ser utilizada para criar mundos de jogo dinâmicos que evoluem com base nas acções dos jogadores ou para gerar música e imagens ao vivo durante espectáculos. A investigação nesta área centrar-se-á na otimização do desempenho dos modelos, na redução da latência e na garantia da qualidade dos conteúdos gerados em tempo real.

IA generativa e criatividade aumentada: No futuro, espera-se que a IA geradora desempenhe um papel fundamental no aumento da criatividade humana em vários domínios. A criatividade aumentada implica a utilização de ferramentas de IA para melhorar e alargar as capacidades criativas dos seres humanos, permitindo-lhes explorar novas ideias, resolver problemas complexos e produzir trabalhos inovadores. Por exemplo, na arquitetura, a IA generativa pode ajudar os arquitectos a explorar novas possibilidades de design e a otimizar a disposição dos edifícios. Na literatura, a IA poderia ajudar os escritores a gerar ideias para enredos, a desenvolver personagens ou a experimentar diferentes estilos de escrita. A investigação nesta área centrar-se-á no desenvolvimento de ferramentas de IA que sejam intuitivas e acessíveis, permitindo aos utilizadores integrar sem problemas a IA nos seus fluxos de trabalho criativos.

Em conclusão, o futuro da IA generativa está repleto de possibilidades e oportunidades de inovação interessantes. À medida que a investigação continua a avançar, podemos esperar ver modelos generativos novos e melhorados que são mais eficientes, interpretáveis e versáteis, bem como novas aplicações que expandem o impacto da IA generativa em vários domínios. Ao abordar os desafios e as considerações éticas associadas à IA generativa, os investigadores e os profissionais podem garantir que esta tecnologia é utilizada de forma responsável e para benefício de todos.

10. Conclusão

A IA generativa representa um avanço significativo no domínio da inteligência artificial, com potencial para transformar sectores, aumentar a criatividade e resolver problemas complexos. Ao permitir que as máquinas gerem dados realistas e inovadores, a IA generativa abre novas possibilidades para a criação de conteúdos, o aumento de dados, a conceção de produtos e muito mais.

Ao longo deste documento, explorámos os principais conceitos e técnicas subjacentes à IA generativa, incluindo as redes adversariais generativas (GAN), os codificadores automáticos variacionais (VAE) e os modelos autoregressivos. Examinámos também as diversas aplicações da IA generativa em diferentes domínios, desde os cuidados de saúde e o marketing até aos jogos e ao entretenimento.

No entanto, como acontece com qualquer tecnologia poderosa, a IA generativa também levanta importantes considerações e desafios éticos que devem ser cuidadosamente abordados. Estes incluem o potencial de utilização indevida, parcialidade, preocupações com a privacidade e a necessidade de transparência e responsabilidade nos conteúdos gerados por IA.

Olhando para o futuro, espera-se que a IA generativa continue a evoluir, com avanços na eficiência dos modelos, na arquitetura e nas aplicações em tempo real. Além disso, a investigação interdisciplinar e o desenvolvimento de quadros éticos desempenharão um papel fundamental para garantir que a IA generativa seja utilizada de forma responsável e para benefício de todos.

Em conclusão, a IA generativa não é apenas uma realização técnica; representa um novo paradigma na colaboração homem-máquina. À medida que investigadores, programadores e profissionais continuam a explorar as possibilidades da IA generativa, podemos esperar ver aplicações ainda mais inovadoras e impactantes que moldam o futuro da criatividade, da indústria e da sociedade.

Técnicas úteis para a IA generativa

Redes Adversariais Generativas (GANs)

Introdução

As redes adversariais generativas (GAN) são uma classe de algoritmos de inteligência artificial utilizados para tarefas de aprendizagem automática não supervisionada. Inventadas por Ian Goodfellow e seus colegas em 2014, as GANs revolucionaram o campo da modelagem generativa. Na sua essência, as GANs consistem em duas redes neurais, o gerador e o discriminador, que são treinadas simultaneamente através de processos adversários. Essa competição resulta na geração de dados que são indistinguíveis dos dados reais, tornando as GANs extremamente poderosas para uma ampla gama de aplicações, desde a síntese de imagens até o aumento de dados.

Fundamentação teórica

Estrutura básica

Um GAN é constituído por dois componentes principais:

1. **Gerador (G)**: O gerador recebe ruído aleatório como entrada e gera amostras de dados sintéticos. O seu objetivo é produzir dados que se aproximem o mais possível da distribuição dos dados reais.
2. **Discriminador (D)**: O discriminador avalia a autenticidade das amostras de dados, distinguindo entre dados reais (do conjunto de dados) e dados falsos (gerados pelo gerador). O seu objetivo é classificar corretamente os dados reais e os dados gerados.

Aplicações de GANs

Geração de imagens

Uma das aplicações mais proeminentes dos GANs é a geração de imagens. Os GAN podem criar imagens altamente realistas a partir de ruído aleatório, o que tem implicações significativas para a arte, o design e o entretenimento. Ao aprender a distribuição subjacente das imagens reais, os GAN podem produzir novas imagens que são visualmente convincentes e indistinguíveis das fotografias genuínas. Esta capacidade abre uma miríade de possibilidades em vários domínios.

Criações artísticas

Os artistas e designers podem utilizar os GAN para gerar novas obras de arte, explorando estilos e ideias criativas sem esforço manual. Por exemplo, os GAN podem ajudar a criar novas pinturas, ilustrações e arte digital, misturando diferentes estilos ou inventando estilos completamente novos. Esta capacidade de gerar arte de forma autónoma pode melhorar os processos criativos e inspirar novas formas de expressão artística.

Geração de personagens e cenas

Na indústria do entretenimento, em particular nos jogos de vídeo e nos filmes, os GAN podem ser utilizados para gerar personagens, fundos e cenas completas. Este facto pode reduzir significativamente o tempo e os recursos necessários para a criação de conteúdos. Os criadores de jogos podem utilizar os GAN para conceber personagens diversas e complexas, enquanto os realizadores de filmes podem criar cenários e ambientes realistas, aumentando a riqueza visual das suas produções.

Design de moda

Os GAN podem também ser aplicados na indústria da moda para conceber novos modelos de vestuário e acessórios. Ao treinar os GAN nas tendências e estilos de moda existentes, os designers podem criar artigos de moda inovadores e únicos. Isto pode ajudar na prototipagem rápida e na exploração de novos conceitos de design, conduzindo, em última análise, a colecções de moda mais criativas e diversificadas.

Aumento de dados

O aumento de dados é uma técnica fundamental na aprendizagem automática, especialmente quando se lida com conjuntos de dados limitados. Os GAN podem desempenhar um papel importante na geração de dados de treino adicionais, que podem melhorar o desempenho e a robustez de outros modelos de aprendizagem automática. Ao aumentar os conjuntos de dados existentes com amostras sintéticas, os GAN ajudam a criar conjuntos de treino mais diversificados e abrangentes.

Melhorar a formação de modelos

Em cenários em que a obtenção de dados rotulados é dispendiosa ou demorada, os GAN podem gerar dados sintéticos que imitam as caraterísticas dos dados reais. Estes dados sintéticos podem ser utilizados para treinar modelos de aprendizagem automática, ajudando-os a generalizar melhor para dados não vistos. Por exemplo, na imagiologia médica, os GANs podem gerar exemplos adicionais de condições raras, permitindo que os modelos aprendam com um conjunto mais diversificado de instâncias de treino.

Balanceamento da distribuição de classes

Os GAN podem também resolver problemas de desequilíbrio de classes em conjuntos de dados. Quando certas classes estão sub-representadas, as GAN podem gerar amostras adicionais para essas classes, assegurando que o modelo não se enviesa para a classe maioritária. Isto é particularmente útil em aplicações como a deteção de fraudes, em que as transacções fraudulentas são raras em comparação com as legítimas.

Geração de dados com preservação da privacidade

Em domínios sensíveis como os cuidados de saúde e as finanças, as preocupações com a privacidade restringem frequentemente o acesso a dados reais. Os GAN podem gerar dados sintéticos que mantêm as propriedades estatísticas dos dados originais sem revelar informações sensíveis. Isto permite aos investigadores e profissionais desenvolver e avaliar modelos de aprendizagem automática, preservando a privacidade.

Super-resolução

A super-resolução é uma técnica utilizada para aumentar a resolução das imagens, melhorando os seus pormenores e nitidez. Os GAN têm demonstrado um sucesso notável neste domínio, gerando imagens de alta resolução a partir de dados de baixa resolução. Isto tem inúmeras aplicações em vários domínios, incluindo imagiologia médica, imagens de satélite e eletrónica de consumo.

Imagiologia médica

Na imagiologia médica, as imagens de alta resolução são cruciais para um diagnóstico e um planeamento de tratamento precisos. As técnicas de super-resolução baseadas em GAN podem melhorar a qualidade dos exames médicos, como imagens de ressonância magnética ou de tomografia computorizada, permitindo aos médicos detetar e analisar anomalias subtis que poderiam passar despercebidas em imagens de baixa resolução. Isto pode levar a melhores resultados para os pacientes e a intervenções médicas mais precisas.

Imagens de satélite

As imagens de satélite são frequentemente captadas a baixa resolução devido a condicionalismos técnicos e de custos. As GAN podem melhorar estas imagens, proporcionando uma visão mais pormenorizada das áreas geográficas. Isto é valioso para aplicações como a monitorização ambiental, o planeamento urbano e a resposta a catástrofes. As imagens de satélite de alta resolução podem ajudar a identificar alterações na utilização dos solos, a seguir a desflorestação e a avaliar o impacto das catástrofes naturais.

Eletrónica de consumo

Na eletrónica de consumo, os GAN podem ser utilizados para melhorar a resolução das imagens captadas por smartphones e câmaras. Esta tecnologia pode melhorar a qualidade das fotografias e dos vídeos, tornando-os mais pormenorizados e visualmente apelativos. A super-resolução baseada em GAN pode também ser aplicada a serviços de transmissão de vídeo, onde pode melhorar a resolução do conteúdo de vídeo, proporcionando aos espectadores uma melhor experiência de visualização.

Transferência de estilo

A transferência de estilo é o processo de aplicar o estilo artístico de uma imagem a outra. As GANs podem conseguir este objetivo aprendendo a separar as representações de conteúdo e estilo nas imagens e recombinando-as de formas inovadoras. Esta técnica tem uma vasta gama de aplicações, desde a criação de imagens artísticas até ao melhoramento de fotografias e vídeos.

Geração de imagens artísticas

Os GANs podem gerar imagens artísticas transferindo o estilo de pinturas famosas para fotografias comuns. Por exemplo, uma fotografia de uma paisagem urbana pode ser transformada para se assemelhar ao estilo da "Noite estrelada" de Vincent van Gogh ou às pinturas cubistas de Pablo Picasso. Isto pode ser utilizado para criar arte digital, desenhar cartazes e produzir conteúdos visualmente impressionantes para as redes sociais.

Melhorar fotografias

Os fotógrafos e os designers podem utilizar os GAN para melhorar as suas fotografias aplicando diferentes estilos e efeitos. Isto pode ajudar a criar imagens únicas e visualmente apelativas que se destacam. Por exemplo, os fotógrafos de casamentos podem aplicar estilos românticos ou vintage às suas fotografias, enquanto os fotógrafos de paisagens podem melhorar as cores e as texturas das suas imagens.

Transferência de estilo de vídeo

Os GANs também podem ser aplicados a conteúdos de vídeo, transferindo estilos de um vídeo para outro. Isto pode ser utilizado na produção cinematográfica para criar efeitos especiais, estilizar cenas ou mesmo produzir filmes inteiros num estilo artístico específico. A transferência de estilos de vídeo também pode ser utilizada na indústria da animação para criar experiências visuais únicas.

Síntese de texto para imagem

A síntese texto-imagem é uma tarefa difícil que envolve a geração de imagens a partir de descrições textuais. As GANs demonstraram capacidades impressionantes neste domínio, aprendendo a mapear descrições de texto para imagens correspondentes. Isto tem uma vasta gama de aplicações, incluindo a criação de conteúdos, a publicidade e a realidade virtual.

Criação de conteúdos

Na criação de conteúdos, os GAN podem gerar imagens com base em descrições textuais, permitindo aos escritores e designers visualizarem as suas ideias. Por exemplo, um escritor que descreva uma cena de fantasia pode utilizar as GAN para gerar uma imagem que capte a essência da sua descrição. Isto pode ser utilizado em ilustrações de livros, design de jogos e narração de histórias visuais.

Publicidade

Na publicidade, os GAN podem gerar imagens que correspondem às descrições de produtos e serviços. Isto pode ajudar os profissionais de marketing a criar anúncios visualmente apelativos que atraem a atenção e envolvem potenciais clientes. Por exemplo, um anúncio de um novo modelo de automóvel pode incluir imagens geradas que realcem as suas caraterísticas e design.

Realidade virtual

Na realidade virtual (RV), os GAN podem gerar ambientes imersivos com base em descrições textuais. Isto pode ser utilizado para criar experiências de RV realistas e envolventes para jogos, formação e educação. Por exemplo, uma aplicação de RV pode gerar uma visita virtual a um local histórico com base em descrições de livros de história.

Conclusão

As redes adversariais generativas (GAN) fizeram avançar significativamente o domínio da modelação generativa, oferecendo ferramentas poderosas para a criação de dados realistas e diversificados. As suas aplicações abrangem uma vasta gama de sectores, desde a arte e o entretenimento até aos cuidados de saúde e às finanças. Ao compreender os fundamentos teóricos e as implementações práticas das GAN, os investigadores e os profissionais podem aproveitar o seu potencial para resolver problemas complexos e criar soluções inovadoras. À medida que a tecnologia GAN continua a evoluir, está preparada para desempenhar um papel cada vez mais importante no futuro da inteligência artificial e da aprendizagem automática.

Baunilha GAN

Introdução

O Vanilla GAN é a arquitetura original do GAN introduzida por Ian Goodfellow et al. no seu artigo seminal "Generative Adversarial Nets". Serve como estrutura de base para muitas variantes avançadas de GAN. A simplicidade do Vanilla GAN torna-o um ponto de partida perfeito para compreender os princípios básicos dos GANs.

Fundamentação teórica

Arquitetura de rede

O Vanilla GAN é composto por duas redes neurais:

1. **Gerador (G)**: Um perceptron de várias camadas (MLP) ou uma rede neural convolucional (CNN) que recebe um vetor de ruído $z\mathbf{z}z$ como entrada e gera amostras de dados.
2. **Discriminador (D)**: Outro MLP ou CNN que recebe amostras de dados (reais ou gerados) como entrada e produz uma probabilidade que indica se a amostra é real ou falsa.

Processo de formação

O processo de formação de um Vanilla GAN envolve as seguintes etapas:

1. Recolha de amostras de um lote de dados reais e de um lote de vectores de ruído.
2. Utilize o gerador para produzir dados falsos a partir dos vectores de ruído.
3. Treinar o discriminador para distinguir entre dados reais e falsos.
4. Treinar o gerador para enganar o discriminador, gerando dados falsos mais realistas.

Este processo é repetido iterativamente até que o discriminador deixe de conseguir distinguir entre dados reais e falsos.

Aplicações dos Vanilla GANs

Síntese de imagens

Os GANs Vanilla são amplamente reconhecidos pela sua capacidade de criar imagens realistas a partir de ruído aleatório, uma tarefa conhecida como síntese de imagens. Esta capacidade tem várias aplicações importantes em vários domínios:

1. **Artes criativas e design**: Artistas e designers utilizam os GANs para gerar obras de arte e elementos de design novos e imaginativos. Os GAN podem produzir estilos de arte inteiramente novos, combinando diferentes géneros, criando peças visualmente deslumbrantes que seriam difíceis de conceber manualmente.

2. **Indústria do entretenimento**: Nos sectores do cinema e dos jogos, os GANs podem gerar personagens, paisagens e adereços realistas, reduzindo significativamente o tempo e o esforço necessários para a criação de conteúdos. Esta tecnologia permite uma rápida prototipagem e iteração, permitindo aos criadores explorar uma maior variedade de estilos visuais e ideias.

3. **Sistemas de prova virtual**: Na moda e no comércio eletrónico, os GAN são utilizados para criar sistemas de experimentação virtual em que os clientes podem ver como ficam as roupas, os acessórios ou os cosméticos sem os experimentarem fisicamente. Isto melhora a experiência de compra e pode levar a um aumento da satisfação do cliente e das vendas.

4. **Imagiologia médica**: Os GANs podem gerar imagens médicas sintéticas de alta qualidade para fins de treinamento. Estas imagens podem ajudar no desenvolvimento e teste de software de imagiologia médica, garantindo o seu bom desempenho mesmo em casos em que os dados reais possam ser limitados ou difíceis de obter.

Aumento de dados

O aumento de dados envolve a geração de dados adicionais para melhorar o desempenho e a robustez dos modelos de aprendizagem automática. Os Vanilla GANs desempenham um papel crucial neste processo, criando dados sintéticos que complementam os conjuntos de dados existentes:

1. **Melhorar os dados de treino**: Ao gerar exemplos sintéticos que imitam dados reais, os GAN podem aumentar o tamanho dos conjuntos de dados de treino, especialmente em cenários em que a recolha de dados reais é difícil ou dispendiosa. Isto é especialmente útil em domínios como os cuidados de saúde, onde os dados dos pacientes são sensíveis e frequentemente escassos.

2. **Equilíbrio de conjuntos de dados**: Os GANs podem resolver o desequilíbrio de classes em conjuntos de dados gerando mais exemplos de classes sub-representadas. Por exemplo, num conjunto de dados para deteção de fraudes, em que as transacções fraudulentas são raras em comparação com as legítimas, os GAN podem criar transacções fraudulentas sintéticas para garantir que o modelo aprende a reconhecê-las eficazmente.

3. **Melhoria da generalização**: Os dados sintéticos gerados pelos GANs podem introduzir variabilidade no processo de treinamento, ajudando os modelos a se generalizarem melhor para dados novos e não vistos. Isto é fundamental em aplicações como a condução autónoma, em que os modelos devem funcionar de forma fiável numa vasta gama de condições.

4. **Partilha de dados com preservação da privacidade**: Os GANs podem gerar conjuntos de dados sintéticos que preservam as propriedades estatísticas dos dados reais, ao mesmo tempo que tornam anónimas as informações sensíveis. Isto permite às organizações partilhar dados para fins de investigação e desenvolvimento sem comprometer a privacidade.

Deteção de anomalias

A deteção de anomalias envolve a identificação de padrões invulgares ou valores atípicos nos dados que não estão em conformidade com o comportamento esperado. Os GANs Vanilla podem ser treinados em dados normais para aprender a sua distribuição, tornando possível detetar anomalias como desvios desta distribuição aprendida:

1. **Deteção de fraudes**: Nos serviços financeiros, os GAN podem ajudar a identificar transacções fraudulentas, aprendendo os padrões das transacções normais. Qualquer transação que se desvie significativamente destes padrões pode ser assinalada como potencialmente fraudulenta para investigação posterior.
2. **Monitorização industrial**: Os GANs podem ser utilizados em processos de fabrico e industriais para monitorizar equipamentos e sistemas. Ao aprender o comportamento operacional normal, os GANs podem detetar anomalias que podem indicar falhas no equipamento ou necessidades de manutenção, permitindo uma manutenção proactiva e reduzindo o tempo de inatividade.
3. **Segurança da rede**: Na cibersegurança, os GANs podem detetar actividades de rede invulgares que podem indicar uma violação da segurança ou um ciberataque. Ao modelar o tráfego de rede normal, os GANs podem identificar desvios que justifiquem uma análise mais aprofundada, melhorando a postura de segurança das organizações.
4. **Monitorização dos cuidados de saúde**: Nos cuidados de saúde, os GAN podem monitorizar os dados de saúde dos pacientes para detetar anomalias que possam indicar condições médicas ou deterioração da saúde. Isto permite uma intervenção precoce e melhores resultados para os doentes.

Aplicações adicionais

1. **Geração de voz e áudio**
   o **Síntese de voz**: Os GANs podem gerar um discurso humano realista, aprendendo com grandes conjuntos de dados de gravações de voz. Isto tem aplicações na criação de assistentes de voz, sistemas automatizados de atendimento ao cliente e síntese de voz personalizada.
   o **Composição musical**: Os GAN podem compor música aprendendo padrões em géneros e estilos musicais. Isto pode ajudar os músicos a criar novas composições ou fornecer música de fundo para vários projectos multimédia.
2. **Geração de texto e modelação de linguagem**
   o **Geração de texto para texto**: Os GAN podem gerar texto coerente e contextualmente relevante, que pode ser utilizado em aplicações como chatbots, criação de conteúdos e relatórios automatizados.
   o **Tradução de línguas**: As GAN podem melhorar os sistemas de tradução automática, gerando traduções mais exactas e naturais, especialmente para línguas com poucos recursos, em que os dados de formação são limitados.
3. **Geração de objectos 3D**
   o **Realidade virtual e realidade aumentada**: Os GAN podem gerar modelos 3D de objectos, melhorando o desenvolvimento de aplicações de realidade virtual e aumentada. Isto inclui a criação de avatares realistas, ambientes e elementos interactivos.
   o **Conceção e prototipagem de produtos**: No fabrico e na conceção de produtos, os GAN podem gerar protótipos 3D de novos produtos, permitindo uma rápida iteração e testes antes da produção física.
4. **Melhoria de imagem e vídeo**
   o **Pintura de imagens**: Os GANs podem preencher as partes em falta de uma imagem, o que os torna úteis para restaurar fotografias danificadas ou remover objectos indesejados de imagens.

- o **Previsão de quadros de vídeo**: Os GANs podem prever quadros futuros numa sequência de vídeo, que podem ser usados para compressão de vídeo, interpolação de quadros e criação de efeitos de câmara lenta.

5. **Investigação médica e científica**
   - o **Descoberta de medicamentos**: Os GANs podem gerar estruturas moleculares com as propriedades desejadas, ajudando na descoberta de novos medicamentos e materiais. Ao aprender com os compostos existentes, os GAN podem propor novas moléculas que podem ser eficazes no tratamento de doenças.
   - o **Análise de dados genómicos**: Os GAN podem gerar dados genómicos sintéticos que imitam sequências genéticas reais. Isto pode ser útil para a investigação e desenvolvimento em genómica, onde o acesso a dados genéticos reais pode ser limitado devido a preocupações com a privacidade.

6. **Sistemas de personalização e recomendação**
   - o **Conteúdo personalizado**: Os GANs podem gerar recomendações de conteúdo personalizado para os utilizadores com base nas suas preferências e comportamento. Isto pode melhorar o envolvimento do utilizador em plataformas como serviços de streaming, compras online e redes sociais.
   - o **Sistemas de aprendizagem adaptativa**: No sector da educação, os GAN podem gerar materiais de aprendizagem personalizados e exercícios adaptados às necessidades individuais dos alunos, melhorando a eficácia das plataformas de aprendizagem em linha.

7. **Simulação de ambiente**
   - o **Previsão meteorológica**: Os GAN podem gerar simulações meteorológicas realistas com base em dados históricos, fornecendo previsões mais exactas e ajudando na investigação climática.
   - o **Planeamento urbano**: As GANs podem simular ambientes urbanos, permitindo aos planeadores visualizar o impacto de novos desenvolvimentos e projectos de infra-estruturas.

8. **Robótica e sistemas autónomos**
   - o **Simulação para treino**: Os GAN podem gerar simulações realistas de ambientes para treinar robôs e sistemas autónomos. Isto pode melhorar o desempenho destes sistemas em cenários do mundo real, fornecendo dados de treino diversificados e desafiantes.
   - o **Deteção e navegação de objectos**: Os GAN podem melhorar as capacidades dos veículos e robôs autónomos na deteção de objectos e na navegação em ambientes complexos.

GAN condicional (cGAN)

Introdução

Os GANs condicionais (cGANs) são uma extensão dos GANs que permitem a geração de dados condicionados a informações adicionais. Introduzidos por Mehdi Mirza e Simon Osindero em 2014, os cGANs permitem uma geração de dados mais controlada e específica, incorporando rótulos ou outras informações contextuais na estrutura do GAN.

Fundamentação teórica

Arquitetura de rede

Num cGAN, tanto o gerador como o discriminador recebem uma entrada adicional, normalmente uma etiqueta ou uma variável condicionante □:

1. **Gerador (G)**: Recebe um ruído □ e uma variável condicionante □ como entrada e gera amostras de dados condicionadas por □.
2. **Discriminador (D)**: recebe uma amostra de dados e a variável de condicionamento □ como entrada e produz uma probabilidade que indica se a amostra é verdadeira ou falsa, condicionada por □.

Processo de formação

O processo de formação de um cGAN envolve as seguintes etapas:

1. Amostra de um lote de dados reais e etiquetas correspondentes.
2. Amostragem de um lote de vectores de ruído e etiquetas correspondentes.
3. Utilize o gerador para produzir dados falsos a partir dos vectores de ruído e das etiquetas.
4. Treinar o discriminador para distinguir entre dados reais e falsos, condicionados pelas etiquetas.
5. Treinar o gerador para enganar o discriminador, gerando dados falsos mais realistas condicionados pelas etiquetas.

Este processo é repetido iterativamente até que o discriminador deixe de conseguir distinguir entre dados reais e falsos condicionados pelas etiquetas.

Aplicações

Os cGANs têm sido utilizados em várias aplicações, incluindo:

1. **Tradução de imagem para imagem**: Conversão de imagens de um domínio para outro, por exemplo, transformar esboços em fotografias.
2. **Síntese de texto para imagem**: Geração de imagens a partir de descrições textuais.
3. **Super-resolução**: Melhorar a resolução de imagens condicionadas a entradas de baixa resolução.
4. **Aumento de dados**: Geração de dados adicionais com caraterísticas específicas para treinar modelos de aprendizagem automática.

Auto-codificadores variacionais (VAE)

Introdução

Os Autoencoders Variacionais (VAEs) são uma classe de modelos generativos que combinam o poder da aprendizagem profunda com modelos gráficos probabilísticos. Introduzidos por Kingma e Welling em 2013, os VAEs tornaram-se uma técnica fundamental na aprendizagem não supervisionada, particularmente para tarefas que envolvem distribuições de dados complexas. Ao contrário dos autoencoders tradicionais, que aprendem um mapeamento determinístico, os VAEs são concebidos para aprender um mapeamento probabilístico dos dados para um espaço latente, permitindo-lhes gerar novas amostras de dados. Esta capacidade torna os VAEs úteis para várias aplicações, incluindo a síntese de imagens, a deteção de anomalias e a compressão de dados.

Fundamentação teórica

Estrutura básica

Uma VAE é constituída por dois componentes principais: o codificador e o descodificador. O codificador mapeia os dados de entrada para um espaço latente probabilístico, enquanto o descodificador mapeia os pontos deste espaço latente de volta para o espaço de dados.

Codificador: O codificador, frequentemente uma rede neural, recebe uma entrada $\square$ e mapeia-o para um conjunto de parâmetros ($\square$, $\square$) que define uma distribuição de probabilidades no espaço latente $\square$. Trata-se normalmente de uma distribuição gaussiana.

$$q(z|x) = \mathcal{N}(z; \mu(x), \sigma^2(x)I)$$

Descodificador: O descodificador, também uma rede neuronal, recebe uma variável latente $\square$ amostrada a partir da distribuição definida pelo codificador e mapeia-a de volta para o espaço de dados para reconstruir $\square$.

Vantagens das VAEs

Capacidades geradoras

As VAEs podem gerar novas amostras de dados através da amostragem do espaço latente aprendido e da descodificação das amostras no espaço de dados. Esta capacidade generativa torna as VAEs úteis para aplicações como a síntese de imagens, a geração de texto e a composição musical.

Espaço latente contínuo

O espaço latente contínuo aprendido pelos VAEs permite uma interpolação suave entre pontos de dados. Esta propriedade pode ser explorada em aplicações como o aumento de dados, em que novas amostras são geradas por interpolação entre as existentes.

Interpretação probabilística

A natureza probabilística dos VAEs fornece uma medida de incerteza nas amostras geradas. Esta incerteza pode ser útil para tarefas como a deteção de anomalias, em que o modelo pode identificar amostras que são improváveis de acordo com a distribuição aprendida.

Regularização

O termo de divergência KL no objetivo VAE funciona como um regularizador, incentivando as representações latentes a seguir uma distribuição normal padrão. Esta regularização ajuda a evitar o sobreajuste e garante que o espaço latente é bem estruturado.

Aplicações de VAEs

Síntese de imagens

Os VAEs são amplamente utilizados para a síntese de imagens, onde podem gerar imagens realistas através da amostragem do espaço latente aprendido. Esta capacidade é valiosa em vários domínios, desde a arte e o design até ao aumento de dados.

Exemplo: Dígitos manuscritos

Uma VAE treinada no conjunto de dados MNIST pode gerar novas amostras de dígitos manuscritos. Através da amostragem do espaço latente e da descodificação destas amostras, a VAE pode produzir dígitos semelhantes aos do conjunto de treino, mas que não são réplicas exactas. Isto demonstra a capacidade do modelo para aprender a distribuição subjacente dos dados e gerar novas amostras.

Exemplo: Rostos

As VAEs também podem ser aplicadas a conjuntos de dados mais complexos, como o conjunto de dados CelebA de rostos de celebridades. Ao treinar um VAE neste conjunto de dados, o modelo pode gerar imagens novas e realistas de rostos. Isto tem aplicações na indústria do entretenimento, onde as VAEs podem ser utilizadas para criar personagens e avatares.

Deteção de anomalias

Os VAEs podem ser utilizados para a deteção de anomalias, tirando partido da perda de reconstrução. Quando o modelo é treinado com dados normais, aprende a reconstruir essas instâncias com precisão. No entanto, quando lhe são apresentados dados anómalos, o erro de reconstrução é normalmente mais elevado, indicando uma anomalia.

Exemplo: Monitorização industrial

Em contextos industriais, os VAEs podem ser treinados com base em dados de condições normais de funcionamento das máquinas. Quando o modelo é implementado, pode detetar anomalias, identificando casos em que a perda de reconstrução é significativamente mais elevada do que a linha de base, indicando potenciais falhas ou avarias. Esta abordagem permite uma manutenção proactiva e reduz o tempo de inatividade, conduzindo a operações industriais mais eficientes.

Exemplo: Segurança de rede

Na segurança da rede, as VAE podem ser treinadas com base em padrões normais de tráfego de rede. Quando ocorrem actividades anómalas, como ciberataques ou violações de dados, o erro de reconstrução da VAE aumenta. Isto pode alertar as equipas de segurança para potenciais ameaças, permitindo respostas mais rápidas e uma melhor proteção da rede.

Compressão de dados

Os VAEs podem ser utilizados para a compressão de dados, tirando partido da representação do espaço latente. Ao codificar os dados num espaço latente compacto e descodificá-los de volta, os VAEs podem conseguir uma compressão eficiente com uma perda mínima de informação.

Exemplo: Compressão de imagens

Os VAEs podem comprimir imagens de alta resolução em representações de menor dimensão, reduzindo significativamente os requisitos de armazenamento e preservando as caraterísticas essenciais das imagens. Isto é particularmente útil para aplicações em que o espaço de armazenamento é limitado, como os dispositivos móveis e os sistemas incorporados.

Exemplo: Compressão de voz

As VAEs podem ser aplicadas para comprimir dados áudio, como sinais de voz. Ao codificar a voz num espaço latente e ao reconstruí-la, as VAEs podem obter uma compressão com elevada fidelidade, tornando-a adequada para aplicações como a comunicação e o armazenamento de voz.

Geração de texto

As VAEs podem ser adaptadas a tarefas de processamento da linguagem natural, como a geração de texto e a modelação da linguagem. Ao aprender um espaço latente de representações de texto, os VAEs podem gerar frases coerentes e contextualmente relevantes.

Exemplo: Geração de poesia

Um VAE treinado num corpus de poesia pode gerar novos poemas através da amostragem do espaço latente. Isto pode ser utilizado em aplicações de escrita criativa, onde os VAEs ajudam poetas e autores a gerar ideias e a explorar novos estilos.

Exemplo: Respostas do Chatbot

Na IA de conversação, as VAEs podem gerar respostas diversas e contextualmente adequadas para os chatbots. Ao treinar em conjuntos de dados de diálogo, as VAEs podem aumentar a flexibilidade e a criatividade das interações dos chatbots, melhorando a experiência do utilizador.

Composição musical

As VAEs podem ser utilizadas para gerar música, aprendendo a distribuição subjacente das sequências musicais. Isto permite a criação de novas composições que aderem às estruturas musicais aprendidas.

Exemplo: Geração de melodia

Um VAE treinado num conjunto de dados de melodias pode gerar melodias novas e únicas através da amostragem do espaço latente. Isto pode ser utilizado por compositores e músicos para explorar novas ideias musicais e criar peças originais.

Exemplo: Harmonização

Os VAEs também podem ser utilizados para harmonizar melodias. Ao aprender a relação entre melodias e harmonias, um VAE pode gerar harmonias que complementam uma dada melodia, ajudando na composição e arranjo musical.

Redução de dimensionalidade

Os VAEs podem efetuar a redução da dimensionalidade, codificando dados de elevada dimensão num espaço latente de dimensão inferior. Isto é útil para a visualização de dados, extração de caraterísticas e redução de ruído.

Exemplo: Visualização de dados de alta dimensão

Ao reduzir a dimensionalidade de conjuntos de dados de elevada dimensão, como imagens ou dados de sensores, os VAEs podem ajudar a visualizar padrões e estruturas complexos. Isto ajuda na análise exploratória de dados e ajuda a identificar tendências e agrupamentos subjacentes.

Exemplo: Extração de caraterísticas

Os VAEs podem extrair caraterísticas significativas de dados de elevada dimensão, que podem ser utilizados como entrada para outros modelos de aprendizagem automática. Isto melhora o desempenho e a eficiência das tarefas a jusante, como a classificação e a regressão.

Sistemas de recomendação personalizados

Os VAEs podem ser utilizados em sistemas de recomendação para gerar recomendações personalizadas com base nas preferências e no comportamento do utilizador.

Exemplo: Recomendações de filmes

Um VAE treinado com base nas classificações e preferências dos utilizadores pode gerar recomendações personalizadas de filmes. Ao aprender os factores latentes que influenciam as preferências dos utilizadores, a VAE pode sugerir filmes que provavelmente serão do interesse de utilizadores individuais.

Exemplo: Comércio eletrónico

No comércio eletrónico, os VAEs podem ser utilizados para recomendar produtos aos utilizadores com base no seu histórico de navegação e de compras. Ao compreender os factores latentes que determinam o comportamento do utilizador, as VAEs podem melhorar a precisão e a relevância das recomendações, melhorando a experiência de compra.

Desafios e considerações

Estabilidade do treino

O treino de VAEs pode ser um desafio devido a questões como o colapso e a instabilidade dos modos. Garantir que o codificador e o descodificador estão bem equilibrados e que o espaço latente está suficientemente regularizado é crucial para um treino estável.

Exemplo: Afinação de hiperparâmetros

O ajuste cuidadoso dos hiperparâmetros, como a taxa de aprendizagem, o tamanho do lote e a força de regularização, é essencial para um treino estável e eficaz. Técnicas como a paragem antecipada e o recozimento da taxa de aprendizagem podem ajudar a melhorar a estabilidade da formação.

Escolha da distribuição prévia

A escolha da distribuição prévia nas VAEs afecta a qualidade e a interpretabilidade do espaço latente aprendido. Embora seja habitualmente utilizada uma distribuição normal padrão, podem ser exploradas outras distribuições prévias, como os modelos mistos, para melhor captar a complexidade dos dados.

Exemplo: Mistura de Gaussianas

A utilização de uma mistura de Gaussianas como distribuição prévia pode proporcionar um espaço latente mais flexível e expressivo, captando vários modos na distribuição dos dados. Isto pode melhorar a qualidade das amostras geradas e aumentar a capacidade do modelo para representar dados complexos.

Escalabilidade

As VAEs podem ser computacionalmente intensivas, especialmente quando se trata de grandes conjuntos de dados ou de dados de elevada dimensão. É importante garantir a escalabilidade através de uma implementação eficiente e da utilização de aceleradores de hardware, como as GPUs, para aplicações práticas.

Exemplo: Paralelização

A paralelização do processo de treino e a utilização da descida de gradiente em mini-lote podem melhorar a escalabilidade das VAEs. Além disso, a utilização de bibliotecas e estruturas especializadas que suportam a computação distribuída pode aumentar ainda mais a escalabilidade.

Interpretabilidade

Enquanto os VAEs fornecem uma interpretação probabilística dos dados, o espaço latente aprendido pode ser difícil de interpretar. O desenvolvimento de métodos para visualizar e compreender o espaço latente é crucial para obter informações sobre o comportamento do modelo.

Exemplo: Visualização do espaço latente

Técnicas como t-SNE e PCA podem ser utilizadas para visualizar o espaço latente, ajudando a identificar agrupamentos e relações entre variáveis latentes. Isto pode ajudar a interpretar as representações aprendidas e a compreender a estrutura subjacente dos dados.

Avaliação do modelo

A avaliação do desempenho dos VAEs pode ser um desafio devido à falta de métricas padronizadas para modelos generativos. O desenvolvimento de métricas de avaliação robustas que captem tanto a qualidade das reconstruções como a diversidade das amostras geradas é importante para avaliar o desempenho do modelo.

Exemplo: Pontuação inicial

O Inception Score é normalmente utilizado para avaliar a qualidade das imagens geradas. Ao medir a entropia das probabilidades de classe atribuídas por um classificador pré-treinado, o Inception Score capta tanto a qualidade como a diversidade das amostras geradas.

Aplicações no mundo real

1. **Cuidados de saúde**: As VAEs são utilizadas para modelar distribuições complexas de dados médicos, permitindo tarefas como a modelação da progressão de doenças, a síntese de dados de pacientes e a análise de imagens médicas. Por exemplo, as VAEs podem gerar registos médicos sintéticos que preservam as propriedades estatísticas dos registos reais, garantindo simultaneamente a privacidade dos pacientes.
2. **Finanças**: No sector financeiro, as VAEs podem ser utilizadas para modelização do risco, deteção de fraudes e geração de dados financeiros sintéticos para testes de resistência e análise de cenários. Ao aprender as distribuições subjacentes dos dados financeiros, os VAEs ajudam a identificar padrões e anomalias ocultos.
3. **Retalho e comércio eletrónico**: Os VAEs melhoram os sistemas de recomendação através da modelação do comportamento e das preferências dos utilizadores. Podem gerar recomendações personalizadas de produtos e prever futuros padrões de compra, melhorando o envolvimento do cliente e as vendas.
4. **Robótica e sistemas autónomos**: Na robótica, os VAEs são usados para aprender representações compactas de dados de sensores de alta dimensão, como imagens e varreduras lidar. Estas representações podem ser utilizadas para tarefas como SLAM (Simultaneous Localization and Mapping) e navegação autónoma.

Desafios e considerações

Escalabilidade e complexidade

O treino de VAEs em grandes conjuntos de dados ou com dados de elevada dimensão pode ser computacionalmente exigente. As estratégias para enfrentar estes desafios incluem o treino distribuído, a utilização de aceleradores de hardware, como as GPU, e a otimização das arquitecturas de modelos para obter eficiência.

Exemplo: Formação distribuída

A implementação de formação distribuída em várias GPUs ou máquinas pode reduzir significativamente o tempo de formação. Bibliotecas como TensorFlow e PyTorch suportam treinamento distribuído, permitindo o escalonamento eficiente de modelos VAE.

Interpretabilidade

Compreender o espaço latente aprendido e os factores que codifica pode ser um desafio. As técnicas de visualização e análise do espaço latente são cruciais para obter informações sobre o comportamento do modelo e garantir que este capta caraterísticas significativas.

Exemplo: t-SNE e PCA

A aplicação de técnicas de redução da dimensionalidade, como t-SNE ou PCA, ao espaço latente pode ajudar a visualizar a sua estrutura. Estas visualizações podem revelar clusters, tendências e relações entre variáveis latentes, ajudando na interpretação do modelo.

Afinação de hiperparâmetros

O desempenho dos VAEs é sensível aos hiperparâmetros, tais como a taxa de aprendizagem, o tamanho do lote e a força de regularização. É necessário um ajuste cuidadoso destes hiperparâmetros para obter resultados óptimos.

Exemplo: Pesquisa em grelha e otimização Bayesiana

A pesquisa em grelha e a otimização bayesiana são técnicas que permitem explorar sistematicamente o espaço dos hiperparâmetros. Estes métodos podem ajudar a identificar a melhor combinação de hiperparâmetros para um determinado conjunto de dados e arquitetura de modelo.

Escolha do Prior

A escolha da distribuição prévia em VAEs influencia a qualidade e a interpretabilidade do espaço latente. Embora seja habitualmente utilizada uma distribuição normal padrão, a exploração de distribuições prévias alternativas, como misturas de Gaussianas ou distribuições prévias hierárquicas, pode melhorar o desempenho do modelo.

Exemplo: Prémios hierárquicos

Os priors hierárquicos introduzem camadas adicionais de variáveis estocásticas, capturando dependências mais complexas nos dados. Esta abordagem pode aumentar a flexibilidade e a expressividade da VAE, conduzindo a um melhor desempenho generativo.

Métricas de avaliação

A avaliação do desempenho dos VAEs requer métricas que captem tanto a qualidade das reconstruções como a diversidade das amostras geradas. As métricas comuns incluem o erro de reconstrução, a divergência KL e as medidas de qualidade da amostra, como o Inception Score.

Exemplo: Distância de incepção de Frechet (FID)

A distância de Frechet Inception (FID) mede a semelhança entre a distribuição das amostras geradas e as amostras reais. Capta tanto a qualidade como a diversidade das imagens geradas, fornecendo uma métrica robusta para a avaliação de modelos generativos.

Direcções futuras

Arquitecturas melhoradas

A investigação em curso visa desenvolver arquitecturas VAE mais avançadas que melhorem o desempenho generativo e a interpretabilidade. Isto inclui a exploração de arquitecturas de rede alternativas, como as redes convolucionais e recorrentes, e a integração de VAE com outros modelos generativos, como os GAN.

Exemplo: VAEs com mecanismos de atenção

A integração de mecanismos de atenção nas arquitecturas VAE pode melhorar a capacidade do modelo para captar dependências nos dados. Os mecanismos de atenção permitem que o modelo se concentre em partes relevantes da entrada, melhorando a qualidade da reconstrução e o desempenho generativo.

Aprendizagem Semi-Supervisionada

A combinação de VAEs com técnicas de aprendizagem semi-supervisionada pode aproveitar tanto os dados rotulados como os não rotulados, melhorando o desempenho e a generalização do modelo. Esta abordagem é particularmente útil em cenários em que os dados etiquetados são escassos mas os dados não etiquetados são abundantes.

Exemplo: VAEs Semi-Supervisionados

Em VAEs semi-supervisionados, o modelo é treinado em dados rotulados e não rotulados, com o codificador gerando representações latentes que capturam informações de classe. Isto aumenta a capacidade do modelo para efetuar tarefas de classificação e geração em simultâneo.

Integração com outros métodos de IA explicáveis

A combinação de VAEs com outros métodos de IA explicáveis, como o SHAP (SHapley Additive exPlanations) e o LIME (Local Interpretable Model-agnostic Explanations), pode fornecer uma visão mais rica do comportamento do modelo. Esta integração pode ajudar a resolver as limitações dos métodos individuais e oferecer uma visão holística da interpretabilidade dos modelos.

Exemplo: SHAP e VAEs

A aplicação do SHAP às representações latentes aprendidas pelas VAEs pode fornecer atribuições de caraterísticas que explicam as contribuições das caraterísticas de entrada para as variáveis latentes. Isto melhora a interpretabilidade da VAE e ajuda a compreender os factores que determinam o seu desempenho gerador.

Aplicação em novos domínios

A expansão da aplicação das VAE a novos domínios, como a genómica, as ciências climáticas e a ciência dos materiais, pode demonstrar a sua versatilidade e impacto. A adaptação das VAE para responder aos desafios e requisitos específicos destes domínios pode aumentar a sua utilidade e relevância.

Exemplo: VAEs em Genómica

No domínio da genómica, os VAEs podem modelar padrões complexos de expressão genética e gerar dados genómicos sintéticos para investigação e análise. Isto pode ajudar a compreender as variações genéticas, a identificar marcadores de doenças e a desenvolver uma medicina personalizada.

Conclusão

Os Autoencoders Variacionais (VAEs) são uma classe poderosa e versátil de modelos generativos que combinam os pontos fortes da aprendizagem profunda e da modelação probabilística. Ao aprender um mapeamento probabilístico de dados para um espaço latente, os VAEs permitem a geração de novas amostras de dados, fornecendo capacidades valiosas para várias aplicações, incluindo síntese de imagens, deteção de anomalias, compressão de dados e geração de texto.

A base teórica dos VAEs, fundamentada no Evidence Lower Bound (ELBO) e no truque de reparametrização, garante atribuições de caraterísticas robustas e significativas. A implementação de VAEs em estruturas modernas de aprendizagem profunda, como o TensorFlow e o PyTorch, facilita a sua utilização prática em diversos domínios.

Apesar dos desafios relacionados com a estabilidade do treino, a interpretabilidade e a escalabilidade, a investigação em curso e os avanços nas arquitecturas e métodos de avaliação das VAE continuam a melhorar o seu desempenho e aplicabilidade. Ao integrar as VAEs com outros métodos de IA explicáveis e ao expandir a sua utilização para novos domínios, o impacto e a utilidade das VAEs estão prontos a crescer, tornando-as uma ferramenta essencial para o avanço da aprendizagem não supervisionada e da modelação generativa.

Em resumo, os VAEs representam um avanço significativo no desenvolvimento de modelos generativos, oferecendo um quadro poderoso e flexível para aprender e gerar distribuições de dados complexas. À medida que a investigação e o desenvolvimento neste domínio prosseguem, as VAE deverão desempenhar um papel cada vez mais importante no futuro da inteligência artificial e da aprendizagem automática, impulsionando a inovação e permitindo novas aplicações numa vasta gama de sectores.

Implementação do projeto

A criação de um projeto de aprendizagem profunda envolve vários passos fundamentais, cada um deles exigindo um planeamento e execução cuidadosos. Segue-se uma breve descrição dos passos que normalmente se seguem:

1. Definir o problema

Objetivo: O primeiro e mais crucial passo em qualquer projeto de aprendizagem profunda é definir claramente o problema que se pretende resolver. Sem um problema bem definido, o projeto corre o risco de ficar desfocado, tornando difícil medir o sucesso ou o fracasso. Comece por perguntar a si próprio o que pretende alcançar. Está a tentar classificar imagens, prever os preços das acções, reconhecer a fala, traduzir línguas ou algo completamente diferente? Uma compreensão clara do problema ajuda a selecionar os dados, o modelo e as métricas de avaliação corretos.

Âmbito: Uma vez identificado o problema, é essencial definir o âmbito. O âmbito delineia os limites do projeto - o que está incluído e o que não está. Por exemplo, se estiver a trabalhar na classificação de imagens, decida se pretende concentrar-se num subconjunto específico de imagens, como imagens médicas ou objectos do quotidiano. Defina os seus objectivos, tais como atingir um determinado nível de precisão, reduzir as taxas de erro ou acelerar o tempo de inferência.

Critérios de sucesso: A definição de critérios de sucesso envolve a definição de objectivos mensuráveis. Que métricas determinarão se o seu modelo é bem sucedido? Poderão ser a exatidão, a precisão, a recuperação, a pontuação F1 ou mesmo métricas comerciais como o envolvimento do utilizador ou o impacto nas receitas. O estabelecimento de critérios de sucesso claros ajuda a avaliar o desempenho do modelo e a determinar se são necessárias mais iterações.

Enquadramento do problema: Dependendo da natureza do seu problema, decida se se trata de um problema de aprendizagem supervisionada, não supervisionada ou de reforço. A aprendizagem supervisionada requer dados etiquetados, enquanto a aprendizagem não supervisionada lida com dados não etiquetados. A aprendizagem por reforço, por outro lado, envolve a formação de modelos com base nas recompensas da interação com um ambiente. O enquadramento adequado é crucial para selecionar os algoritmos e abordagens corretos.

Restrições e pressupostos: Identificar quaisquer restrições, tais como recursos computacionais, tempo ou disponibilidade de dados. Além disso, documente as suposições feitas durante esta fase, como assumir que os dados são representativos de cenários do mundo real ou que o problema é estático ao longo do tempo.

Esta fase estabelece as bases para todo o seu projeto. Uma declaração de problema bem definida garante que todos os passos subsequentes estão alinhados para atingir um objetivo comum, aumentando assim a probabilidade de sucesso.

---

2. Recolha de dados

Recolher dados: Os dados são a pedra angular de qualquer projeto de aprendizagem profunda. A qualidade e a quantidade dos seus dados influenciam diretamente o desempenho do seu modelo. Comece por obter dados que sejam relevantes para o seu problema. Isto pode envolver a recolha de dados da Web, a utilização de API, o acesso a conjuntos de dados públicos de repositórios como o Kaggle ou o UCI Machine Learning Repository, ou mesmo a recolha dos seus próprios dados através de experiências ou inquéritos.

Tamanho e qualidade dos dados: A quantidade de dados que recolhe depende da complexidade da tarefa. Os modelos de aprendizagem profunda normalmente requerem grandes quantidades de dados para terem um bom desempenho. No entanto, mais dados nem sempre significam melhor desempenho - a qualidade também é importante. Certifique-se de que os dados são representativos do espaço do problema e suficientemente diversificados para abranger todos os cenários possíveis que o seu modelo pode encontrar em aplicações do mundo real.

Etiquetagem: Se estiver a trabalhar num problema de aprendizagem supervisionada, os seus dados precisarão de etiquetas. As etiquetas são os valores alvo que pretende que o seu modelo preveja. Em tarefas como a classificação de imagens, as etiquetas podem ser categorias como "gato" ou "cão". Em tarefas de regressão, podem ser valores numéricos. Se os seus dados não estiverem etiquetados, poderá ser necessário etiquetá-los manualmente, o que pode ser moroso e dispendioso, ou utilizar técnicas semi-supervisionadas ou não supervisionadas para gerar etiquetas.

Fontes de dados: Considere a fiabilidade e a credibilidade das suas fontes de dados. Os dados provenientes de fontes autorizadas ou revistas por pares são geralmente mais fiáveis. Certifique-se de que tem o direito de utilizar os dados, especialmente se forem provenientes de fontes externas. Tenha sempre em atenção as questões de licenciamento e privacidade.

Armazenamento e gestão de dados: Decida onde e como armazenar os seus dados. Dependendo do tamanho, pode precisar de uma solução baseada na nuvem, como o AWS S3, o Google Cloud Storage ou uma base de dados local. Certifique-se de que os seus dados estão organizados, facilmente acessíveis e com cópias de segurança para evitar perdas.

Aumento de dados: Em alguns casos, especialmente com dados limitados, pode ser necessário aumentar artificialmente o conjunto de dados utilizando técnicas de aumento de dados. No caso das imagens, isto pode envolver rotações, translações, escalas ou inversões. No caso do texto, pode envolver a substituição de sinónimos, a inserção aleatória ou outras técnicas.

A recolha de dados é uma etapa crítica que influencia todas as fases subsequentes. Quanto melhores forem os seus dados, melhor será o desempenho potencial do seu modelo. Por conseguinte, invista tempo e recursos suficientes na recolha e preparação dos seus dados.

---

3. Pré-processamento de dados

Limpeza: O pré-processamento de dados começa com a limpeza dos dados. Os dados em bruto contêm frequentemente ruído, valores em falta e erros que podem degradar o desempenho do modelo. A limpeza envolve o tratamento de dados em falta (removendo ou imputando), a remoção de valores anómalos e a correção de quaisquer erros de introdução de dados. Por exemplo, num conjunto de dados que contenha informações sobre clientes, os valores em falta para a idade podem ser preenchidos com a idade média, ou esses registos podem ser completamente removidos se a proporção for pequena.

Normalização e padronização: Os modelos de aprendizado profundo têm melhor desempenho quando os dados de entrada estão em uma escala consistente. A normalização transforma os recursos em um intervalo específico, geralmente [0, 1], o que é comum para dados de imagem em que os valores de pixel são normalizados. A padronização envolve o redimensionamento de recursos para ter uma média de zero e um desvio padrão de um, que é frequentemente usado para dados numéricos.

Transformação de dados: Este passo envolve a conversão dos dados num formato adequado para a formação do modelo. No caso das imagens, isto pode envolver o redimensionamento de todas as imagens para um tamanho padrão ou a sua conversão para tons de cinzento. Para dados de texto, isto pode incluir tokenização (dividir o texto em palavras individuais ou tokens), remoção de stopwords e stemming ou lemmatization (reduzir as palavras à sua forma básica). No caso de variáveis categóricas, poderá ser necessário codificá-las utilizando técnicas como a codificação de uma só vez ou a codificação de etiquetas.

Dividir os dados: É crucial dividir o seu conjunto de dados em três partes: conjuntos de treino, validação e teste. O conjunto de treino é utilizado para treinar o modelo, o conjunto de validação é utilizado durante o treino para ajustar os hiperparâmetros do modelo e o conjunto de teste é utilizado no final para avaliar o desempenho do modelo em dados não vistos. Um rácio de divisão comum é 70% de formação, 15% de validação e 15% de teste, mas pode variar consoante a dimensão do conjunto de dados.

Tratamento de dados desequilibrados: Nos casos em que os dados são desequilibrados (por exemplo, num cenário de deteção de fraude em que as transacções fraudulentas são muito mais raras do que as não fraudulentas), podem ser necessárias técnicas especiais. Estas podem incluir a sobreamostragem da classe minoritária, a subamostragem da classe maioritária ou a utilização de métodos avançados como o SMOTE (Synthetic Minority Over-sampling Technique).

Engenharia de caraterísticas: Isto envolve a criação de novas caraterísticas a partir dos dados existentes que podem ajudar o modelo a ter um melhor desempenho. Por exemplo, num conjunto de dados com carimbos de data/hora, pode criar caraterísticas para o dia da semana, hora do dia ou se é fim de semana. Uma boa engenharia de caraterísticas pode, por vezes, ter um impacto mais significativo no desempenho do modelo do que a própria escolha do modelo.

O pré-processamento garante que seus dados estejam na melhor forma possível para o treinamento. Pode ser um processo demorado, mas é fundamental para o sucesso do seu modelo de aprendizagem profunda.

---

4. Seleção do modelo

Escolha de um modelo: A seleção do modelo de aprendizagem profunda adequado é fundamental para o sucesso do projeto. A escolha depende do tipo de problema, das caraterísticas dos dados e dos recursos computacionais disponíveis. Por exemplo, as Redes Neuronais Convolucionais (CNNs) são adequadas para tarefas relacionadas com imagens, enquanto as Redes Neuronais Recorrentes (RNNs) e os Transformadores são normalmente utilizados para tarefas baseadas em sequências, como o processamento de linguagem natural (PNL). Se o seu problema envolve a previsão de um estado futuro ou a tomada de decisões, os modelos de aprendizagem por reforço podem ser adequados.

Conceção da arquitetura: Se optar por conceber o seu modelo a partir do zero, tal implica definir as camadas, os tipos de camadas (por exemplo, camadas convolucionais para CNNs, camadas LSTM para RNNs), as funções de ativação (como ReLU, sigmoide ou softmax), a função de perda (erro quadrático médio para regressão, entropia cruzada para classificação) e o optimizador (como Adam, SGD). A arquitetura deve estar alinhada com a complexidade do problema. Por exemplo, as redes mais profundas (com mais camadas) podem captar caraterísticas mais complexas, mas também são mais susceptíveis de sobreajuste.

Modelos pré-treinados: Em muitos casos, especialmente quando se trabalha com dados de imagem ou de texto, é possível tirar partido de modelos pré-treinados. Modelos como o ResNet, o VGG, o BERT ou o GPT-3 foram treinados em conjuntos de dados maciços e podem ser ajustados à sua tarefa específica, reduzindo a quantidade de dados e os recursos computacionais necessários. A aprendizagem por transferência, em que se utiliza um modelo pré-treinado e se procede à sua afinação no conjunto de dados, é uma abordagem comum.

Ajuste de hiperparâmetros: Os hiperparâmetros são as configurações que controlam o processo de treinamento e a estrutura do próprio modelo. Estes incluem a taxa de aprendizagem, o tamanho do lote, o número de épocas, o número de camadas na rede, as taxas de desistência, entre outros. A afinação dos hiperparâmetros é frequentemente efectuada utilizando técnicas como a pesquisa em grelha, a pesquisa aleatória ou métodos mais sofisticados como a otimização Bayesiana. O objetivo é encontrar o conjunto ideal de hiperparâmetros que resultem no melhor desempenho do modelo.

Complexidade do modelo vs. Interpretabilidade: Existe frequentemente um compromisso entre a complexidade do modelo e a sua interpretabilidade. Os modelos mais complexos, como as redes neurais profundas, tendem a ter um melhor desempenho em tarefas difíceis, mas são mais difíceis de interpretar. Os modelos mais simples, embora mais fáceis de interpretar, podem não captar todas as nuances dos dados. Dependendo dos objectivos do seu projeto, poderá dar prioridade a um em detrimento do outro.

Restrições computacionais: Considere os recursos computacionais à sua disposição. O treino de modelos de aprendizagem profunda pode consumir muitos recursos, exigindo frequentemente GPUs ou TPUs potentes. Se os recursos forem limitados, poderá ser necessário optar por modelos mais pequenos ou técnicas como a poda e a quantização de modelos, que reduzem o tamanho e a complexidade do modelo.

A seleção do modelo é um passo crítico que prepara o terreno para a formação. A escolha correta do modelo pode afetar drasticamente a eficiência, a precisão e a aplicabilidade do seu projeto de aprendizagem profunda.

---

5. Formação de modelos

Processo de formação: O processo de formação envolve a alimentação dos dados pré-processados no modelo selecionado e permite-lhe aprender os padrões nos dados. Durante o treino, o modelo actualiza os seus pesos com base no erro que comete na previsão da variável-alvo. Este processo é tipicamente iterativo, com o modelo a fazer uma previsão, a calcular o erro (utilizando a função de perda) e, em seguida, a ajustar os seus pesos para minimizar este erro. Isto é feito utilizando algoritmos de otimização como o gradiente descendente, que ajudam o modelo a convergir para um conjunto ótimo de pesos ao longo do tempo.

Processamento em lote: Treinar um modelo em grandes conjuntos de dados de uma só vez é muitas vezes impraticável devido a restrições de memória. Em vez disso, os dados são processados em lotes. Um lote é um subconjunto do conjunto de dados utilizado para treinar o modelo numa iteração. A dimensão destes lotes (tamanho do lote) é um hiperparâmetro importante que pode afetar a velocidade e a estabilidade do processo de formação. Os lotes mais pequenos podem conduzir a actualizações mais ruidosas, mas podem generalizar melhor, enquanto os lotes maiores são mais estáveis, mas podem ficar presos em mínimos locais.

Épocas: O processo de formação é normalmente efectuado em várias épocas. Uma época refere-se a uma passagem completa por todo o conjunto de dados de treino. Normalmente, são necessárias várias épocas porque uma única passagem pode não ser suficiente para o modelo aprender todos os padrões nos dados. No entanto, demasiadas épocas podem levar a um sobreajuste, em que o modelo começa a memorizar os dados de treino em vez de os generalizar.

Validação: Durante o treino, o desempenho do modelo é continuamente monitorizado no conjunto de validação. Este conjunto é separado dos dados de treino e é utilizado para afinar os hiperparâmetros do modelo. A monitorização do desempenho no conjunto de validação ajuda a detetar precocemente o sobreajuste. Se o desempenho do modelo no conjunto de validação começar a degradar-se enquanto continua a melhorar no conjunto de treino, é um sinal de que o modelo está a começar a sobreajustar-se.

Sobreajuste e subajuste: O sobreajuste ocorre quando um modelo aprende demasiado bem os dados de treino, incluindo o ruído e os valores atípicos, e tem um desempenho fraco em dados não vistos. O subajustamento ocorre quando o modelo é demasiado simples para captar os padrões subjacentes nos dados, resultando num fraco desempenho tanto nos dados de treino como nos dados não vistos. As técnicas para mitigar o sobreajuste incluem métodos de regularização, como a regularização L2, o abandono (em que os neurónios aleatórios são desligados durante o treino) e o aumento de dados.

Optimizadores e taxa de aprendizagem: O optimizador é um componente chave do processo de formação, responsável pela atualização dos pesos do modelo. Os optimizadores comuns incluem o Stochastic Gradient Descent (SGD), Adam e RMSprop. A taxa de aprendizagem é um hiperparâmetro crítico que controla o grau de ajuste dos pesos do modelo em relação ao gradiente de perda. Uma taxa de aprendizagem demasiado elevada pode levar o modelo a convergir demasiado rapidamente para uma solução subóptima, enquanto uma taxa de aprendizagem demasiado baixa pode tornar o processo de formação excessivamente lento.

Tempo de treino: O treino de um modelo de aprendizagem profunda pode ser demorado, dependendo da complexidade do modelo, do tamanho do conjunto de dados e dos recursos computacionais disponíveis. O treinamento pode levar horas, dias ou até semanas. É importante monitorizar o processo de formação para evitar o desperdício de recursos em modelos que não estão a melhorar.

O treino é onde o modelo aprende efetivamente com os dados, o que o torna um dos passos mais cruciais num projeto de aprendizagem profunda. O objetivo é obter um modelo que não só tenha um bom desempenho nos dados de treino, como também generalize eficazmente para dados novos e não vistos.

---

6. Avaliação do modelo

Teste: Depois de o modelo ter sido treinado e ajustado utilizando o conjunto de validação, é altura de avaliar o seu desempenho no conjunto de teste. O conjunto de teste é um subconjunto de dados que o modelo nunca viu antes, o que fornece uma avaliação imparcial da capacidade do modelo de generalizar para novos dados. Esta etapa é fundamental, pois simula o desempenho do modelo no mundo real, onde ele encontrará dados que não fizeram parte do processo de treinamento.

Métricas de avaliação: Dependendo da natureza do seu problema (classificação, regressão, etc.), diferentes métricas serão apropriadas para avaliar o seu modelo. Para tarefas de classificação, a exatidão, a precisão, a recuperação, a pontuação F1 e a área sob a curva ROC (AUC-ROC) são métricas normalmente utilizadas. A precisão mede a proporção de previsões positivas verdadeiras entre todas as previsões positivas efectuadas pelo modelo, enquanto a recuperação mede a proporção de positivos verdadeiros entre todos os positivos reais no conjunto de dados. A pontuação F1 é a média harmónica da precisão e da recuperação e é especialmente útil quando se lida com classes desequilibradas. Para tarefas de regressão, são normalmente utilizadas métricas como o erro quadrático médio (MSE), o erro quadrático médio da raiz (RMSE) e o R-quadrado.

Matriz de confusão: Uma matriz de confusão é uma ferramenta útil para avaliar modelos de classificação. Mostra o número de previsões corretas e incorrectas feitas pelo modelo, repartidas por cada classe. A matriz fornece informações sobre o desempenho do modelo em diferentes classes e pode ajudar a identificar se o modelo é tendencioso a favor ou contra determinadas classes.

Análise de erros: Mesmo que o seu modelo tenha um bom desempenho geral, é importante compreender onde e porque é que comete erros. Este processo é conhecido como análise de erros. Ao examinar os casos em que as previsões do modelo estavam incorrectas, pode obter informações sobre os seus pontos fracos e potenciais áreas de melhoria. Por exemplo, se um modelo classifica erradamente e de forma consistente uma determinada classe, isso pode indicar que a classe está sub-representada nos dados de treino ou que o modelo necessita de mais caraterísticas para a distinguir.

Comparação de modelos: Muitas vezes, são experimentados vários modelos ou variações do mesmo modelo. A comparação do seu desempenho no conjunto de teste ajuda a selecionar o melhor modelo. Esta comparação deve ter em conta não só a exatidão, mas também a complexidade, interpretabilidade e eficiência computacional do modelo. Em alguns casos, um modelo ligeiramente menos exato pode ser preferido se for significativamente mais rápido ou mais fácil de compreender.

Validação cruzada: Para garantir que o desempenho do seu modelo não se deve a uma divisão feliz dos dados, pode utilizar a validação cruzada. Na validação cruzada k-fold, o conjunto de dados é dividido em k subconjuntos e o modelo é treinado e testado k vezes, cada vez utilizando um subconjunto diferente como conjunto de teste e os dados restantes como conjunto de treino. A média dos resultados é então calculada para fornecer uma estimativa mais robusta do desempenho do modelo.

Generalização: O objetivo final da avaliação do modelo é avaliar o grau de generalização do modelo para novos dados. Um modelo com um desempenho excecionalmente bom nos dados de treino, mas com um desempenho fraco no conjunto de teste, está a ser sobreajustado e não será útil em cenários do mundo real. A generalização é fundamental para criar modelos fiáveis e robustos quando implementados.

A avaliação do modelo fornece o feedback necessário para compreender o desempenho do modelo e se este está pronto para ser implementado. Esta etapa garante que o modelo não só é exato, mas também fiável e capaz de ter um bom desempenho em aplicações do mundo real.

---

7. Otimização do modelo

Ajuste fino: Depois de avaliar o modelo, pode descobrir que há espaço para melhorias. O ajuste fino envolve fazer pequenos ajustes na arquitetura do modelo, nos hiperparâmetros ou no processo de formação para melhorar o desempenho. Isto pode incluir o ajuste da taxa de aprendizagem, a tentativa de diferentes optimizadores, a adição de mais camadas ou a alteração das funções de ativação. O ajuste fino é um processo delicado - embora possa melhorar o desempenho, também corre o risco de sobreajuste se não for efectuado com cuidado.

Otimização de hiperparâmetros: Os hiperparâmetros são as configurações externas do modelo que não são aprendidas durante o treinamento. Estes incluem a taxa de aprendizagem, o tamanho do lote, o número de épocas, os parâmetros de regularização e os parâmetros específicos da arquitetura, como o número de camadas ou unidades por camada. A otimização de hiperparâmetros envolve a procura sistemática da melhor combinação de hiperparâmetros para maximizar o desempenho do modelo. Para este efeito, podem ser utilizadas técnicas como a pesquisa em grelha, a pesquisa aleatória ou métodos mais avançados como a otimização bayesiana.

Compressão de modelos: Em cenários em que é necessário implementar o modelo em dispositivos com recursos limitados, como telemóveis ou dispositivos IoT, o tamanho do modelo e a velocidade de inferência tornam-se factores críticos. Técnicas de compressão de modelos, como poda, quantização e destilação de conhecimento, podem reduzir o tamanho do modelo sem comprometer significativamente o desempenho. A poda envolve a remoção de conexões ou pesos desnecessários, a quantização reduz a precisão dos pesos e a destilação do conhecimento envolve o treinamento de um modelo menor (aluno) para imitar um modelo maior e pré-treinado (professor).

Agrupamento: O ensembling é uma técnica em que vários modelos são combinados para produzir um modelo global mais forte. A ideia é que modelos diferentes cometem erros diferentes e, ao combinar as suas previsões, a previsão global torna-se mais robusta. Os métodos comuns de ensembling incluem bagging (por exemplo, Random Forests), boosting (por exemplo, XGBoost) e stacking. Na aprendizagem profunda, o ensembling pode envolver a média das previsões de vários modelos treinados com diferentes inicializações ou arquitecturas.

Regularização: As técnicas de regularização ajudam a evitar o ajuste excessivo, penalizando a complexidade do modelo. A regularização L1 e L2 adiciona penalizações à função de perda com base na magnitude dos parâmetros do modelo. O dropout é outra técnica de regularização em que neurónios aleatórios são "descartados" durante o treino, forçando o modelo a aprender representações redundantes. Essas técnicas ajudam o modelo a se generalizar melhor para novos dados.

Aprendizagem por transferência: A aprendizagem por transferência envolve pegar num modelo treinado numa tarefa e adaptá-lo a uma tarefa diferente mas relacionada. Isto é especialmente útil quando se dispõe de dados limitados para a tarefa em causa. Ao afinar um modelo pré-treinado no seu conjunto de dados específico, pode tirar partido do conhecimento que o modelo já adquiriu, o que conduz a uma formação mais rápida e, frequentemente, a um melhor desempenho. A aprendizagem por transferência é normalmente utilizada na visão computacional e no processamento de linguagem natural.

Programação da taxa de aprendizagem: A taxa de aprendizagem controla o quanto os pesos do modelo são ajustados em cada etapa do processo de treinamento. Uma taxa de aprendizagem constante pode não ser ideal durante todo o processo de treinamento. As programações da taxa de aprendizagem ajustam dinamicamente a taxa de aprendizagem durante o treinamento - começando com um valor alto para fazer um progresso rápido no início e reduzindo-o gradualmente para ajustar o modelo. Podem ser utilizadas técnicas como o recozimento da taxa de aprendizagem, o decaimento por etapas ou as taxas de aprendizagem cíclicas.

A otimização consiste em tornar o modelo tão eficiente e eficaz quanto possível. Envolve o refinamento do modelo para maximizar o desempenho, reduzir o tamanho e garantir que ele esteja pronto para a implantação. Esta etapa geralmente envolve experimentação iterativa e análise cuidadosa.

---

8. Implantação

Implantar o modelo: Quando estiver satisfeito com o desempenho do modelo, é altura de o implementar num ambiente de produção. A implantação envolve tornar o modelo disponível para inferência em tempo real ou processamento em lote, dependendo do caso de uso. O ambiente de implantação pode ser um serviço de nuvem como AWS, Google Cloud ou Azure, um servidor local, um dispositivo móvel ou um dispositivo de borda como um Raspberry Pi. A escolha do ambiente de implantação depende dos requisitos do modelo e das necessidades da aplicação, como a latência, a escalabilidade e a disponibilidade de recursos.

Integração da API: Para tornar o modelo acessível aos utilizadores ou a outros sistemas, é frequentemente necessário envolvê-lo numa API (Application Programming Interface). Isto permite que outras aplicações enviem dados para o modelo e recebam previsões em troca. Frameworks como Flask, Django ou FastAPI podem ser usadas para criar APIs RESTful para o seu modelo. Essas APIs manipulam solicitações, passam dados para o modelo para previsão e retornam os resultados.

Containerização: A implantação de modelos de forma consistente e escalável é muitas vezes facilitada por tecnologias de contentorização como o Docker. Ao empacotar o modelo e suas dependências em um contêiner Docker, é possível garantir que ele seja executado da mesma forma em qualquer ambiente - seja em uma máquina local, na nuvem ou em um dispositivo de borda. O Kubernetes pode ser utilizado para orquestrar contentores num cluster, permitindo uma implementação escalável e tolerante a falhas.

Escalabilidade: A escalabilidade é uma consideração crítica, especialmente se o seu modelo servir um grande número de utilizadores ou tratar grandes volumes de dados. Certifique-se de que a arquitetura de implantação possa ser dimensionada horizontalmente (adicionando mais instâncias) ou verticalmente (adicionando mais recursos às instâncias existentes), conforme necessário. Os recursos de balanceamento de carga e dimensionamento automático fornecidos pelas plataformas de nuvem ajudam a gerenciar cargas de trabalho variáveis.

Latência e taxa de transferência: Dependendo da aplicação, a latência (o tempo que o modelo demora a efetuar uma previsão) e o rendimento (o número de previsões efectuadas por unidade de tempo) podem ser métricas críticas. Para aplicações em tempo real, como a deteção de fraudes ou a condução autónoma, a baixa latência é crucial. Para tarefas de processamento em lote, como o processamento de um grande conjunto de dados durante a noite, o rendimento pode ser mais importante. A otimização destas métricas pode implicar a utilização de hardware mais rápido (como GPUs ou TPUs), a otimização da arquitetura do modelo ou a utilização de técnicas como a quantização do modelo.

Segurança e privacidade: Garantir a segurança e a privacidade dos dados que estão a ser processados pelo modelo é crucial, especialmente em aplicações sensíveis como os cuidados de saúde ou as finanças. Implemente a encriptação dos dados em trânsito e em repouso, utilize protocolos seguros (como HTTPS) e garanta que o ambiente de implementação adere às melhores práticas de segurança. Além disso, considere as implicações de privacidade do seu modelo - especialmente se envolver dados pessoais sensíveis.

Monitorização e manutenção: Depois de o modelo ser implementado, é essencial monitorizar o seu desempenho na produção. Configure a monitorização para acompanhar as principais métricas, como precisão, latência e utilização de recursos do sistema. Ao longo do tempo, o desempenho do modelo pode degradar-se devido a alterações na distribuição dos dados subjacentes - um fenómeno conhecido como desvio de dados. Treine regularmente o modelo com novos dados e reimplante actualizações para manter a sua eficácia.

A implementação é o culminar do projeto de aprendizagem profunda, em que o modelo passa do desenvolvimento para a produção, fornecendo valor aos utilizadores. Requer um planeamento cuidadoso e a consideração de vários factores para garantir que o modelo é robusto, escalável e seguro num ambiente real.

---

9. Documentação e relatórios

Documentar o processo: A documentação completa é um componente crítico de qualquer projeto de aprendizagem profunda. Envolve o registo de todos os aspectos do projeto, desde a definição do problema à recolha de dados, pré-processamento, seleção de modelos, formação e implementação. Esta documentação garante que o projeto é reproduzível, o que é vital para validar os resultados, realizar revisões por pares e permitir que outros desenvolvam o seu trabalho no futuro. A documentação deve incluir detalhes sobre fontes de dados, etapas de pré-processamento de dados, arquitecturas de modelos, hiperparâmetros, procedimentos de formação e métricas de avaliação.

Documentação do código: Para além de documentar o processo geral, é importante garantir que o próprio código está bem documentado. Isto inclui a utilização de nomes de variáveis com significado, a escrita de comentários para explicar secções complexas do código e a disponibilização de docstrings para funções e classes. Um código bem documentado é mais fácil de manter, depurar e estender. Ferramentas como o Jupyter Notebooks podem ser úteis para criar documentação interactiva que combine código, explicações e visualizações.

Comunicação dos resultados: Depois de o modelo ser treinado e avaliado, é importante comunicar os resultados às partes interessadas. Isto pode implicar a redação de um relatório detalhado, a preparação de uma apresentação ou mesmo a publicação de um trabalho de investigação, dependendo da audiência e do contexto do projeto. O relatório deve abranger a declaração do problema, a metodologia, os principais resultados e as conclusões. Inclua visualizações como gráficos, quadros e matrizes de confusão para tornar os resultados mais compreensíveis e impactantes.

Interpretabilidade do modelo: Para muitas partes interessadas, especialmente em sectores regulamentados como os cuidados de saúde e as finanças, a interpretabilidade do modelo é crucial. Inclua explicações sobre a forma como o modelo toma decisões, quais as caraterísticas mais importantes e quaisquer potenciais enviesamentos no modelo. Técnicas como SHAP (Shapley Additive Explanations) ou LIME (Local Interpretable Model-agnostic Explanations) podem ajudar a fornecer informações interpretáveis a partir de modelos complexos.

Controlo de versões: Utilize sistemas de controlo de versões como o Git para acompanhar as alterações na sua base de código e documentação. Isto permite-lhe reverter para versões anteriores se algo correr mal e fornece um histórico claro do desenvolvimento do projeto. Também facilita a colaboração com outros membros da equipa, garantindo que todos estão a trabalhar com a versão mais actualizada do projeto.

Licenciamento e considerações legais: Se o seu projeto envolve componentes de código aberto ou se se destina a ser lançado como código aberto, certifique-se de que inclui as informações de licenciamento adequadas. Além disso, considere quaisquer implicações legais ou éticas do seu trabalho, especialmente se envolver dados sensíveis ou tiver potenciais impactos sociais.

Revisão por pares e feedback: Antes de finalizar o projeto, é uma boa ideia procurar feedback de colegas ou especialistas na área. Isto pode ajudar a identificar potenciais problemas, áreas a melhorar ou abordagens alternativas que possam não ter sido consideradas. A revisão por pares também ajuda a validar os resultados e a aumentar a credibilidade do trabalho.

Arquivamento e partilha: Por fim, considere como irá arquivar e partilhar o seu trabalho. Isto pode envolver a publicação do código e dos dados em plataformas como o GitHub, a partilha dos modelos treinados através de repositórios de modelos como o TensorFlow Hub ou o PyTorch Hub, ou a apresentação do trabalho em conferências ou revistas académicas. Certifique-se de que todos os ficheiros e documentação necessários são incluídos para que outros possam replicar e desenvolver o seu trabalho.

A documentação e os relatórios são essenciais para garantir que o seu trabalho é transparente, reproduzível e valioso para os outros. Desempenham também um papel fundamental na comunicação da importância e do impacto do seu projeto a um público mais vasto.

---

10. Iteração

Iterar com base no feedback: Depois de o modelo inicial ser desenvolvido e avaliado, o projeto não termina aí. Muitas vezes, a primeira versão de um modelo não é perfeita e pode ser melhorada. Com base nas métricas de avaliação e no feedback dos intervenientes, poderá ser necessário repetir o modelo. Isto pode implicar a revisão de qualquer um dos passos anteriores - ajustar a definição do problema, recolher mais dados, melhorar o pré-processamento dos dados, experimentar modelos diferentes ou afinar os hiperparâmetros.

Análise de erros e refinamento do modelo: Depois de avaliar o modelo, a realização de uma análise de erros completa pode fornecer informações sobre onde o modelo está a falhar e porquê. Por exemplo, se o modelo tiver um desempenho fraco em determinadas classes ou tipos de dados, isso pode indicar a necessidade de dados mais representativos ou de uma melhor engenharia de caraterísticas. A iteração pode envolver a resolução destes pontos fracos específicos para melhorar o desempenho global. Este processo de análise de erros e de aperfeiçoamento do modelo é frequentemente iterativo, envolvendo vários ciclos de análise, ajustamento e reavaliação.

Experimentação: A iteração está intrinsecamente ligada à experimentação. Testar diferentes hipóteses, experimentar novas arquitecturas ou empregar novas técnicas é uma parte fundamental do processo de aprendizagem profunda. Cada experiência pode fornecer informações valiosas, mesmo que o resultado não seja uma melhoria em relação aos modelos anteriores. Com o tempo, estas experiências podem levar a uma compreensão mais profunda do problema e a soluções mais eficazes.

Ciclo de feedback: O estabelecimento de um ciclo de feedback com os intervenientes é crucial durante a iteração. À medida que se vão fazendo ajustes e melhorias, é importante consultar regularmente as pessoas que vão utilizar ou ser afectadas pelo modelo. O seu feedback pode fornecer informações práticas que podem não ser evidentes numa perspetiva puramente técnica. Por exemplo, um modelo tecnicamente exato pode não satisfazer as necessidades da empresa se for demasiado lento ou difícil de interpretar.

Aprendizagem e adaptação contínuas: Em muitas aplicações do mundo real, o ambiente em que o modelo funciona é dinâmico. Podem estar disponíveis novos dados, o comportamento do utilizador pode mudar ou os objectivos comerciais podem evoluir. Por conseguinte, a iteração também envolve a aprendizagem contínua e a adaptação do modelo a estas alterações. Isto pode exigir a reciclagem regular do modelo, a incorporação de novos dados ou mesmo a revisão da definição original do problema à medida que surgem novos desafios.

Controlo de versões e acompanhamento: Ao iterar o modelo, é importante acompanhar as diferentes versões e as alterações efectuadas. Isto implica utilizar o controlo de versões para o código, manter registos detalhados dos hiperparâmetros e das configurações do modelo, e documentar os resultados de cada iteração. Ferramentas como o MLflow ou o TensorBoard podem ajudar a acompanhar as experiências e a visualizar o progresso ao longo do tempo.

Análise custo-benefício: Em cada iteração, é essencial pesar os potenciais benefícios contra os custos. Algumas melhorias podem oferecer apenas ganhos marginais com um custo computacional ou de tempo significativo. Nesses casos, pode ser melhor concentrar-se noutras áreas de melhoria. A iteração consiste em encontrar um equilíbrio entre a obtenção do melhor desempenho possível e a gestão eficiente dos recursos.

Critérios de paragem: Embora a iteração seja importante, também é crucial saber quando parar. Pode ser quando o modelo atinge as métricas de desempenho desejadas, quando não se justificam mais melhorias em termos de recursos ou quando o modelo é "suficientemente bom" para a aplicação pretendida. Estabeleça critérios claros de paragem para evitar ajustes intermináveis e para se concentrar na implantação e na aplicação prática.

A iteração é uma componente essencial do ciclo de vida do projeto de aprendizagem profunda. Permite a melhoria e a adaptação contínuas, garantindo que o modelo se mantém eficaz e relevante num ambiente em mudança. Cada iteração baseia-se na anterior, refinando gradualmente o modelo em direção à melhor solução possível.

---

11. Manutenção

Monitorização do modelo: Após a implementação, é crucial monitorizar continuamente o desempenho do modelo no mundo real. Isto envolve o controlo de métricas importantes, como a exatidão, a precisão, a recuperação, a latência e a utilização de recursos. A monitorização pode ajudar a detetar problemas como a deriva do modelo, em que o desempenho do modelo se degrada ao longo do tempo devido a alterações na distribuição dos dados subjacentes. A definição de alertas automáticos para alterações significativas nas métricas de desempenho garante que os problemas podem ser resolvidos prontamente.

Deriva de dados e deriva de conceito: O desvio de dados ocorre quando as propriedades estatísticas dos dados de entrada se alteram ao longo do tempo, enquanto o desvio de conceito se refere a alterações na relação entre as variáveis de entrada e de saída. Ambos podem levar a um declínio no desempenho do modelo. A atualização regular do modelo com novos dados ou a sua reciclagem com base em dados recentes é essencial para atenuar estes efeitos. Técnicas como a aprendizagem em linha ou a aprendizagem incremental podem ser utilizadas para adaptar o modelo continuamente.

Retreinamento regular: Dependendo da natureza da sua aplicação, pode ser necessário treinar novamente o modelo periodicamente. Por exemplo, se o seu modelo for utilizado para recomendações de produtos, é importante incorporar regularmente novos dados de comportamento do utilizador para manter as recomendações relevantes. O processo de reciclagem deve ser automatizado tanto quanto possível para garantir a consistência e reduzir o esforço manual.

Controlo de versões do modelo: À medida que actualiza e melhora o modelo, é importante manter o controlo de versões sobre as diferentes iterações do modelo. Isso inclui manter o controle dos modelos usados na produção, seus respectivos conjuntos de dados, hiperparâmetros e métricas de desempenho. O controlo de versões do modelo garante que pode reverter para versões anteriores, se necessário, e fornece uma pista de auditoria clara da evolução do modelo.

Escalabilidade e ajuste de desempenho: Ao longo do tempo, à medida que a procura das previsões do modelo aumenta ou à medida que são adicionadas novas funcionalidades, o ambiente de implementação pode ter de ser escalado. Isto pode envolver a adição de mais recursos computacionais, a otimização do modelo para uma inferência mais rápida ou mesmo a transição para uma infraestrutura mais escalável. O ajuste e a otimização do desempenho asseguram que o modelo continua a satisfazer os requisitos da aplicação à medida que esta se expande.

Feedback do utilizador e melhoria contínua: A recolha de feedback dos utilizadores finais pode fornecer informações valiosas sobre o desempenho do modelo na prática. Os utilizadores podem detetar problemas ou sugerir melhorias que não são evidentes apenas com base nos indicadores de desempenho. A incorporação deste feedback em futuras iterações do modelo ajuda a torná-lo mais robusto e fácil de utilizar.

Considerações éticas e conformidade: A manutenção de uma postura ética é crucial, especialmente à medida que os modelos são implementados em cenários do mundo real. Devem ser efectuadas auditorias regulares para garantir que o modelo não introduz inadvertidamente preconceitos ou discriminação. Além disso, certifique-se de que o modelo está em conformidade com os requisitos legais e regulamentares, especialmente se tratar de dados sensíveis, como informações pessoais ou financeiras.

Gestão de recursos: Ao longo do tempo, os recursos computacionais necessários para manter e executar o modelo podem ser significativos. Rever regularmente a infraestrutura para garantir que está a ser utilizada de forma eficiente. Isto pode envolver a otimização do armazenamento, a redução de cálculos desnecessários ou a migração para soluções mais rentáveis. As soluções baseadas na nuvem oferecem frequentemente ferramentas para monitorizar e otimizar a utilização de recursos, o que pode ajudar a gerir os custos de forma eficaz.

Actualizações da documentação: À medida que o modelo e o seu ambiente evoluem, a documentação também deve evoluir. Atualize regularmente a documentação para refletir as mudanças no modelo, novas versões, cronogramas de reciclagem e quaisquer ajustes feitos na infraestrutura de implantação. A documentação actualizada é essencial para garantir que o modelo possa ser mantido e melhorado por diferentes membros da equipa ao longo do tempo.

Planeamento do fim da vida útil: Eventualmente, pode chegar uma altura em que o modelo já não é necessário ou é substituído por uma solução melhor. O planeamento do fim de vida do modelo inclui a desativação segura do modelo, o arquivamento dos dados e do código e a garantia de que todos os intervenientes são informados. Um planeamento adequado do fim da vida útil garante uma transição suave e preserva os conhecimentos adquiridos com o projeto.

A manutenção é a etapa final, mas contínua, do ciclo de vida do projeto de aprendizagem profunda. Garante que o modelo permanece eficaz, atualizado e alinhado com as necessidades em evolução da aplicação e dos seus utilizadores. A manutenção regular é crucial para manter o valor e o impacto do modelo ao longo do tempo.

Implementação do projeto na FNN

Para implementar uma rede neural feedforward (FNN) com base nas etapas descritas anteriormente, existe um guia para o processo utilizando o Google Colab. Abaixo está um plano de implementação estruturado com o código Python correspondente. O conjunto de dados fornecido (weather.csv) recolhido do Kaggle será utilizado para este projeto.

1. Definir o problema

Objetivo:

O objetivo é prever se vai chover amanhã (coluna RainTomorrow) utilizando uma rede neural feedforward (FNN).

2. Recolha de dados

Carregar o conjunto de dados:

import pandas as pd

Explicação:

Isto importa a biblioteca Pandas, que é amplamente utilizada para a manipulação e análise de dados. A Pandas fornece estruturas de dados como DataFrames, que são particularmente úteis para o tratamento de dados estruturados.

Load the dataset

file_path = '/content/weather.csv'

df = pd.read_csv(file_path)

Explicação:

file_path = '/content/weather.csv': Specifies the path to the CSV file containing the dataset.

df = pd.read_csv(file_path): Reads the data from the CSV file into a Pandas DataFrame df. The DataFrame holds the entire dataset in a tabular format, making it easier to manipulate and analyze.

Display the first few rows of the dataset

df.head()

Explicação:

df.head(): Exibe as cinco primeiras linhas do DataFrame df. Isso é útil para inspecionar rapidamente os dados para entender sua estrutura, ver os nomes das colunas e verificar os tipos de dados.

3. Pré-processamento de dados

Tratamento de valores em falta, codificação de variáveis categóricas e divisão dos dados:

from sklearn.model_selection import train_test_split

from sklearn.preprocessing import StandardScaler

Explicação:

from sklearn.model_selection import train_test_split: Importa a função train_test_split de sklearn.model_selection, que é usada para dividir o conjunto de dados em conjuntos de treinamento e teste.

from sklearn.preprocessing import StandardScaler: Importa a classe StandardScaler de sklearn.preprocessing, que é usada para padronizar recursos removendo a média e escalando para a variância da unidade.

Fill missing values

df['Sunshine'].fillna(df['Sunshine'].mean(), inplace=True)

df['WindGustDir'].fillna(df['WindGustDir'].mode()[0], inplace=True)

df['WindGustSpeed'].fillna(df['WindGustSpeed'].mean(), inplace=True)

df['WindDir9am'].fillna(df['WindDir9am'].mode()[0], inplace=True)

df['WindDir3pm'].fillna(df['WindDir3pm'].mode()[0], inplace=True)

Explicação:

df['Sunshine'].fillna(df['Sunshine'].mean(), inplace=True):

Preenche os valores em falta na coluna Sunshine com o valor médio da coluna Sunshine. O parâmetro inplace=True assegura que as alterações são aplicadas diretamente ao DataFrame df.

df['WindGustDir'].fillna(df['WindGustDir'].mode()[0], inplace=True):

Preenche os valores em falta na coluna WindGustDir com a moda (valor que ocorre com mais frequência) da coluna WindGustDir.

São efectuadas operações semelhantes para WindGustSpeed, WindDir9am e WindDir3pm, preenchendo os valores em falta com a média ou a moda, dependendo do tipo de dados e do contexto.

Converter a variável alvo de categórica para numérica

y = df['RainTomorrow'].map({'No': 0, 'Yes': 1})

Explicação:

y = df['RainTomorrow'].map({'No': 0, 'Yes': 1}):

Converte os valores categóricos na coluna RainTomorrow ('Não' e 'Sim') em valores numéricos (0 e 1). Isso é necessário porque os modelos de aprendizado de máquina normalmente exigem entradas numéricas para a variável de destino.

Separar caraterísticas e variável-alvo

X = df.drop(columns=['RainTomorrow'])

Explicação:

X = df.drop(columns=['RainTomorrow']):

Elimina a coluna RainTomorrow do DataFrame df e atribui as colunas restantes a X. A variável X contém agora o conjunto de caraterísticas (variáveis de entrada) que será utilizado para prever a variável de destino y.

Codificar variáveis categóricas

X = pd.get_dummies(X)

Explicação:

X = pd.get_dummies(X):

Converte variáveis categóricas no DataFrame X em um formato codificado em um único ponto. Cada categoria é transformada num vetor binário, tornando-a adequada para entrada na rede neural.

Dividir os dados em conjuntos de treino e de teste

X_train, X_test, y_train, y_test = train_test_split(X, y, test_size=0.2, random_state=42)

Explicação:

train_test_split(X, y, test_size=0.2, random_state=42):

Divide o conjunto de dados em conjuntos de treino e de teste.

X_train e y_train contêm os dados de treino (80% do conjunto de dados), enquanto X_test e y_test contêm os dados de teste (20% do conjunto de dados).

random_state=42 garante que a divisão é reproduzível, o que significa que a mesma divisão aleatória é utilizada sempre que o código é executado.

Normalizar as caraterísticas

scaler = StandardScaler()

X_train = scaler.fit_transform(X_train)

X_test = scaler.transform(X_test)

Explicação:

scaler = StandardScaler():

Cria uma instância de StandardScaler, que será usada para padronizar os recursos removendo a média e dimensionando-os para a variância da unidade.

X_train = scaler.fit_transform(X_train):

Adapta o StandardScaler aos dados de treino e depois transforma-os. O método fit_transform calcula a média e o desvio padrão nos dados de treino e, em seguida, dimensiona os dados em conformidade.

X_teste = scaler.transform(X_teste):

Transforma os dados de teste utilizando a mesma média e desvio padrão calculados a partir dos dados de treino. Isto assegura que tanto os dados de treino como os de teste são escalados de forma consistente.

4. Seleção do modelo

Definição de uma rede neural feedforward (FNN) usando TensorFlow/Keras:

import tensorflow as tf

from tensorflow.keras.models import Sequential

from tensorflow.keras.layers import Dense, Dropout

Explicação:

importar tensorflow as tf:

Importa o TensorFlow, uma biblioteca de aprendizagem profunda de código aberto normalmente utilizada para construir e treinar redes neurais.

from tensorflow.keras.models import Sequential:

Importa o modelo Sequential, que é uma pilha linear de camadas em Keras, uma API de alto nível para a construção de redes neurais.

de tensorflow.keras.layers importar Dense, Dropout:

Importa as camadas necessárias para a construção de uma rede neural feedforward:

Densa: Uma camada totalmente ligada, em que cada neurónio da camada está ligado a todos os neurónios da camada anterior.

Desistência: Uma camada de regularização que define aleatoriamente uma fração de unidades de entrada para 0 durante o treino para evitar o sobreajuste.

```python
# Definir o modelo

model = Sequential([

    Dense(64, input_dim=X_train.shape[1], activation='relu'),

    Dropout(0.5),


Dense(32, activation='relu'),

    Dropout(0.5),

    Dense(1, activation='sigmoid')  # Sigmoid activation for binary classification

])
```

Explicação:

model = Sequential([...]):

Define um modelo Sequencial com os seguintes níveis:

Dense(64, input_dim=X_train.shape[1], activation='relu'):

Adiciona uma camada totalmente ligada com 64 neurónios e função de ativação ReLU (Unidade Linear Rectificada). O input_dim=X_train.shape[1] especifica o número de caraterísticas de entrada (colunas em X_train).

Desistência(0,5):

Adiciona uma camada de abandono com uma taxa de abandono de 50%. Durante o treino, esta camada define aleatoriamente 50% das unidades de entrada para 0 em cada passo de atualização, o que ajuda a evitar o sobreajuste, assegurando que o modelo não depende demasiado de nenhum neurónio em particular.

Dense(32, activation='relu'):

Adds another fully connected layer with 32 neurons and ReLU activation.

Dropout(0.5):

Adds another Dropout layer with a dropout rate of 50%.

Dense(1, activation='sigmoid'):

Adiciona a camada de saída com 1 neurónio e uma função de ativação sigmoide. A ativação sigmoide é adequada para tarefas de classificação binária porque produz uma probabilidade entre 0 e 1, que pode ser interpretada como a probabilidade da classe positiva (neste caso, se vai chover amanhã).

Compilar o modelo

model.compile(optimizer='adam', loss='binary_crossentropy', metrics=['accuracy'])

Explicação:

model.compile(...):

Compila o modelo com as seguintes configurações:

optimizer='adam': Especifica o optimizador Adam, que é um algoritmo de otimização da taxa de aprendizagem adaptativa que é popular para a aprendizagem profunda. Combina as vantagens de duas outras extensões de descida de gradiente estocástico, nomeadamente AdaGrad e RMSProp.

loss='binary_crossentropy': Especifica a função de perda de crossentropia binária, que é normalmente utilizada para tarefas de classificação binária. Mede a diferença entre a probabilidade prevista e o rótulo real.

metrics=['accuracy']: Especifica que a precisão será monitorizada como uma métrica de desempenho durante a formação e a avaliação. A precisão mede a percentagem de previsões corretas feitas pelo modelo.

Resumo do modelo

model.summary()

```
Model: "sequential"
```

Layer (type)	Output Shape	Param #
dense (Dense)	(None, 64)	4,352
dropout (Dropout)	(None, 64)	0
dense_1 (Dense)	(None, 32)	2,080
dropout_1 (Dropout)	(None, 32)	0
dense_2 (Dense)	(None, 1)	33

```
Total params: 6,465 (25.25 KB)
Trainable params: 6,465 (25.25 KB)
Non-trainable params: 0 (0.00 B)
```

Explicação:

model.summary(): Imprime um resumo do modelo, incluindo as camadas, formas de saída e o número de parâmetros (pesos) em cada camada. Isso é útil para entender a arquitetura do modelo e garantir que ele seja construído como esperado.

5. Formação de modelos

Treinar o modelo e visualizar o processo de treino:

Treinar o modelo

history = model.fit(X_train, y_train, validation_data=(X_test, y_test), epochs=100, batch_size=32)

Explicação:

history = model.fit(...): Treina o modelo nos dados de treino (X_train, y_train) e valida-o nos dados de teste (X_test, y_test).

validation_data=(X_test, y_test): Especifica os dados de validação que serão utilizados para avaliar o modelo no final de cada época.

epochs=100: Especifica o número de epochs, que é o número de passagens completas por todo o conjunto de dados de treinamento. O modelo será treinado para 100 épocas.

batch_size=32: Especifica o tamanho do lote, que é o número de amostras processadas antes de os parâmetros internos do modelo serem actualizados. Aqui, serão processadas 32 amostras de cada vez.

```python
# Visualizar o processo de formação

import matplotlib.pyplot as plt

plt.plot(history.history['loss'], label='Training Loss')

plt.plot(history.history['val_loss'], label='Validation Loss')

plt.plot(history.history['accuracy'], label='Training Accuracy')

plt.plot(history.history['val_accuracy'], label='Validation Accuracy')

plt.title('Model Loss and Accuracy')

plt.xlabel('Epoch')

plt.ylabel('Loss/Accuracy')

plt.legend()

plt.show()
```

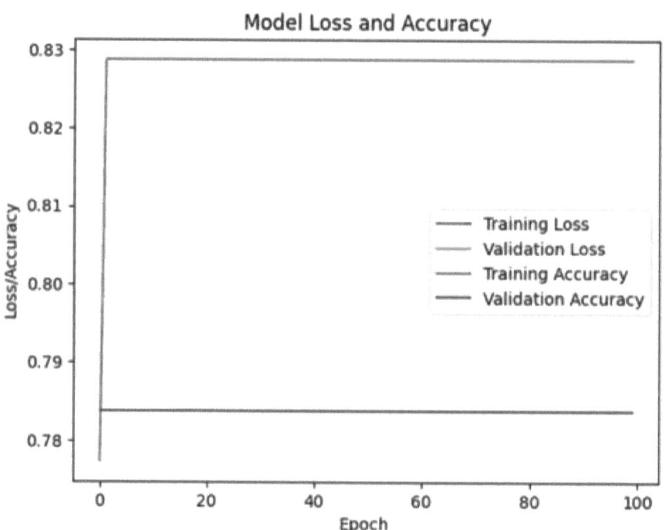

Explicação:

import matplotlib.pyplot as plt: Importa o módulo matplotlib.pyplot, que é utilizado para criar visualizações estáticas, animadas e interactivas em Python.

plt.plot(...): Plota a perda de treinamento e validação e a precisão ao longo das épocas.

history.history['loss']: Recupera os valores de perda de treino do objeto history, que armazena o histórico de treino.

history.history['val_loss']: Recupera os valores de perda de validação.

history.history['accuracy']: Recupera os valores de precisão do treinamento.

history.history['val_accuracy']: Recupera os valores de precisão da validação.

plt.title(...), plt.xlabel(...), plt.ylabel(...), plt.legend(), plt.show(): Estas funções definem o título, as etiquetas, a legenda e apresentam o gráfico, respetivamente. Esta visualização ajuda-o a ver como o modelo está a aprender ao longo do tempo e se está a ter um ajuste excessivo ou insuficiente.

6. Avaliação do modelo

Avaliar o desempenho do modelo nos dados de teste:

```python
# Avaliar o modelo

loss, accuracy = model.evaluate(X_test, y_test)

print(f"Test Accuracy: {accuracy}")
```

Explicação:

perda, exatidão = model.evaluate(X_test, y_test): Avalia o desempenho do modelo no conjunto de teste (X_teste, y_teste). A função retorna a perda e a precisão do modelo no conjunto de teste.

print(f "Precisão do teste: {precisão}"): Imprime a precisão do modelo no conjunto de teste, dando uma indicação de quão bem o modelo generaliza para dados não vistos.

```python
# Prever com dados de teste

y_pred = (model.predict(X_test) > 0.5).astype("int32")
```

Explicação:

model.predict(X_test): Usa o modelo treinado para fazer previsões no conjunto de teste. A saída é uma probabilidade entre 0 e 1 para cada amostra.

(model.predict(X_test) > 0.5).astype("int32"): Converte as probabilidades previstas em previsões binárias (0 ou 1). Se a probabilidade for maior que 0,5, a previsão é 1 (indicando que choverá amanhã); caso contrário, é 0. O astype("int32") garante que as previsões sejam armazenadas como números inteiros.

Opcional: visualizar os valores actuais vs. previstos (para classificação binária)

plt.scatter(y_test, y_pred)

plt.xlabel('Actual')

plt.ylabel('Predicted')

plt.title('Actual vs Predicted')

plt.show()

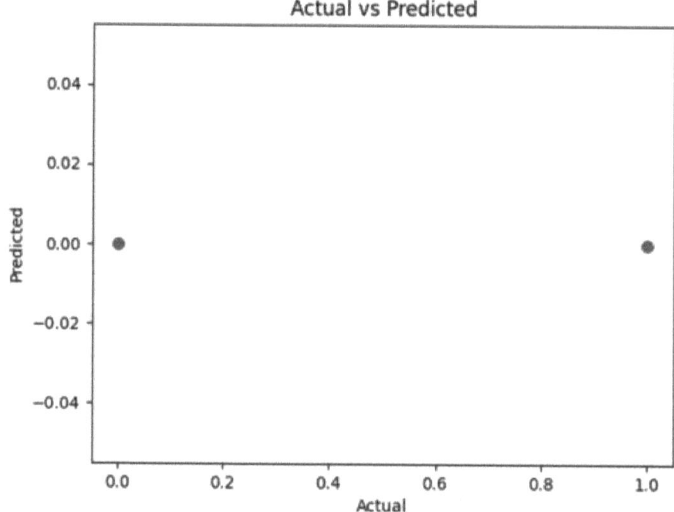

Explicação:

plt.scatter(y_teste, y_pred): Cria um gráfico de dispersão dos valores reais (y_test) vs. os valores previstos (y_pred). Isso pode ajudar a visualizar o desempenho do modelo, mostrando a proximidade entre as previsões e os resultados reais.

plt.xlabel('Atual'), plt.ylabel('Predicted'), plt.title('Atual vs Predicted'), plt.show(): Estas funções definem as etiquetas, o título e apresentam o gráfico de dispersão.

7. Otimização do modelo

Explorar técnicas adicionais, como o abandono e a afinação de hiperparâmetros (conforme necessário):

Exemplo: Ajustar a taxa de desistência e afinar o número de épocas

```python
model = Sequential([
    Dense(64, input_dim=X_train.shape[1], activation='relu'),
    Dropout(0.3),  # Adjusted dropout rate
    Dense(32, activation='relu'),
    Dropout(0.3),
    Dense(1, activation='sigmoid')
])

# Compilar e treinar o modelo

model.compile(optimizer='adam', loss='binary_crossentropy', metrics=['accuracy'])
model.fit(X_train, y_train, validation_data=(X_test, y_test), epochs=150, batch_size=32)
```

Explicação:

Este bloco de código modifica ligeiramente o modelo, ajustando a taxa de desistência para 0,3 e aumentando o número de épocas para 150. Estes ajustes fazem parte da otimização do modelo, em que são testados diferentes hiperparâmetros para obter um melhor desempenho.

8. Implantação

Guardar o modelo para utilização ou implementação futura:

Guardar o modelo

```python
model.save('fnn_weather_prediction_model.h5')
```

Para carregar o modelo mais tarde:

```python
# loaded_model = tf.keras.models.load_model('fnn_weather_prediction_model.h5')
```

Explicação:

model.save('fnn_weather_prediction_model.h5'): Salva o modelo treinado em um arquivo chamado fnn_weather_prediction_model.h5. O formato de arquivo .h5 é comumente usado para armazenar modelos Keras, incluindo a arquitetura, os pesos e a configuração de treinamento (otimizador, perda, métricas).

Salvar o modelo é crucial para a implantação, pois permite reutilizar o modelo treinado sem a necessidade de treiná-lo novamente. Isso é particularmente útil ao implantar o modelo em um ambiente de produção, onde ele pode ser carregado e usado para fazer previsões em novos dados.

loaded_model = tf.keras.models.load_model('fnn_weather_prediction_model.h5'): Essa linha de código (comentada por enquanto) mostra como é possível recarregar o modelo salvo do arquivo .h5. Isso é útil quando se deseja usar o modelo para inferência ou treinamento adicional sem treinar novamente do zero.

Implementação de projectos utilizando CNN

1. Definir o problema

Objetivo:

O objetivo é prever se vai chover amanhã (coluna RainTomorrow) utilizando uma rede neural convolucional 1D (CNN).

2. Recolha de dados

Carregar o conjunto de dados:

importar pandas como pd

Explicação:

Isto importa a biblioteca Pandas, que é utilizada para a manipulação e análise de dados. O Pandas fornece estruturas de dados como DataFrames, que são particularmente úteis para o tratamento de dados estruturados.

Carregar o conjunto de dados

file_path = '/content/weather.csv'

df = pd.read_csv(file_path)

Explicação:

file_path = '/content/weather.csv': Especifica o caminho para o ficheiro CSV que contém o conjunto de dados.

df = pd.read_csv(file_path): Carrega os dados do arquivo CSV em um DataFrame do Pandas chamado df. O DataFrame df conterá todo o conjunto de dados em formato tabular, facilitando a manipulação e a análise.

Mostrar as primeiras linhas do conjunto de dados

df.head()

Explicação:

df.head(): Exibe as cinco primeiras linhas do DataFrame df. Isso é útil para inspecionar rapidamente os dados para entender sua estrutura, ver os nomes das colunas e verificar os tipos de dados.

3. Pré-processamento de dados

Tratamento de valores em falta, codificação da variável-alvo, codificação de variáveis categóricas e divisão dos dados:

from sklearn.model_selection import train_test_split

from sklearn.preprocessing import StandardScaler

Explicação:

from sklearn.model_selection import train_test_split: Importa a função train_test_split de sklearn.model_selection, que é usada para dividir o conjunto de dados em conjuntos de treinamento e teste.

from sklearn.preprocessing import StandardScaler: Importa a classe StandardScaler de sklearn.preprocessing, que é usada para padronizar recursos removendo a média e escalando para a variância da unidade.

Preencher os valores em falta

df['Sunshine'].fillna(df['Sunshine'].mean(), inplace=True)

df['WindGustDir'].fillna(df['WindGustDir'].mode()[0], inplace=True)

df['WindGustSpeed'].fillna(df['WindGustSpeed'].mean(), inplace=True)

df['WindDir9am'].fillna(df['WindDir9am'].mode()[0], inplace=True)

df['WindDir3pm'].fillna(df['WindDir3pm'].mode()[0], inplace=True)

Explicação:

df['Sunshine'].fillna(df['Sunshine'].mean(), inplace=True):

Preenche os valores ausentes na coluna Sunshine com a média dos valores Sunshine. O parâmetro inplace=True garante que as alterações sejam feitas diretamente no DataFrame sem a necessidade de reatribuí-lo.

df['WindGustDir'].fillna(df['WindGustDir'].mode()[0], inplace=True):

Preenche os valores em falta na coluna WindGustDir com a moda (o valor que ocorre com mais frequência) dos valores WindGustDir.

São efectuadas operações semelhantes para WindGustSpeed, WindDir9am e WindDir3pm, preenchendo os valores em falta com a média ou a moda, dependendo do tipo de dados e do contexto.

Converter a variável alvo de categórica para numérica

y = df['RainTomorrow'].map({'No': 0, 'Yes': 1})

Explicação:

y = df['RainTomorrow'].map({'No': 0, 'Yes': 1}):

A função map é utilizada para converter os valores categóricos na coluna RainTomorrow ('Não' e 'Sim') em valores numéricos (0 e 1). Isto é necessário porque os modelos de aprendizagem automática requerem normalmente entradas numéricas para a variável de destino.

Separar caraterísticas e variável-alvo

X = df.drop(columns=['RainTomorrow'])

Explicação:

X = df.drop(columns=['RainTomorrow']):

Esta linha elimina a coluna RainTomorrow do DataFrame df e atribui as colunas restantes a X. A variável X contém agora o conjunto de caraterísticas (variáveis de entrada) que será utilizado para prever a variável-alvo y.

Codificar variáveis categóricas

X = pd.get_dummies(X)

Explicação:

X = pd.get_dummies(X):

A função get_dummies converte as variáveis categóricas do DataFrame X num formato codificado num único ponto. Cada categoria é transformada num vetor binário, o que a torna adequada para ser introduzida na rede neural.

Dividir os dados em conjuntos de treino e de teste

X_train, X_test, y_train, y_test = train_test_split(X, y, test_size=0.2, random_state=42)

Explicação:

train_test_split(X, y, test_size=0.2, random_state=42):

Divide o conjunto de dados em conjuntos de treino e de teste.

X_train e y_train contêm os dados de treino (80% do conjunto de dados), enquanto X_test e y_test contêm os dados de teste (20% do conjunto de dados).

random_state=42 assegura que a divisão é reproduzível, o que significa que a mesma divisão aleatória é utilizada sempre que o código é executado.

Normalizar as caraterísticas

scaler = StandardScaler()

X_train = scaler.fit_transform(X_train)

X_test = scaler.transform(X_test)

Explicação:

scaler = StandardScaler():

Cria uma instância de StandardScaler, que será usada para padronizar os recursos removendo a média e dimensionando-os para a variância da unidade.

X_train = scaler.fit_transform(X_train):

Adapta o StandardScaler aos dados de treino e, em seguida, transforma-os. O método fit_transform calcula a média e o desvio padrão nos dados de treinamento e, em seguida, dimensiona os dados.

X_teste = scaler.transform(X_teste):

Transforma os dados de teste utilizando a mesma média e desvio padrão calculados a partir dos dados de treino. Isto assegura que tanto os dados de treino como os de teste são escalados de forma consistente.

Reformular os dados para os ajustar à CNN

X_train = X_train.reshape(X_train.shape[0], X_train.shape[1], 1)

X_test = X_test.reshape(X_test.shape[0], X_test.shape[1], 1)

Explicação:

X_treino = X_treino.reshape(X_treino.forma[0], X_treino.forma[1], 1):

Reformula os dados de treino para adicionar uma terceira dimensão, que é necessária para a CNN. A forma de X_train passa a ser (número de amostras, número de caraterísticas, 1), em que 1 representa um único canal.

X_teste = X_teste.reshape(X_teste.forma[0], X_teste.forma[1], 1):

Da mesma forma, reformula os dados de teste para que tenham a mesma forma que os dados de treino.

4. Seleção do modelo

Definição da CNN 1D:

import tensorflow as tf

from tensorflow.keras.models import Sequential

from tensorflow.keras.layers import Conv1D, MaxPooling1D, Flatten, Dense, Dropout

Explicação:

import tensorflow as tf:

Importa o TensorFlow, uma biblioteca de aprendizagem profunda de código aberto frequentemente utilizada para construir e treinar redes neurais.

from tensorflow.keras.models import Sequential:

Importa o modelo Sequential, uma pilha linear de camadas em Keras, que é uma API de alto nível para a construção de redes neurais.

from tensorflow.keras.layers import Conv1D, MaxPooling1D, Flatten, Dense, Dropout:

Importa as camadas necessárias para a construção de uma CNN:

Conv1D: uma camada convolucional 1D que aplica operações de convolução aos dados de entrada.

MaxPooling1D: Uma camada de pooling máximo 1D que reduz a amostragem da entrada ao longo da dimensão temporal.

Achatar: Nivela a entrada, normalmente para prepará-la para camadas totalmente conectadas.

Densa: Uma camada totalmente ligada em que cada neurónio está ligado a todos os neurónios da camada anterior.

Desistência: Uma camada de regularização que define aleatoriamente uma fração de unidades de entrada para 0 durante o treino para evitar o sobreajuste.

Definir o modelo

```python
model = Sequential([
    Conv1D(32, kernel_size=3, activation='relu', input_shape=(X_train.shape[1], 1)),
    MaxPooling1D(pool_size=2),
    Dropout(0.5),
    Conv1D(64, kernel_size=3, activation='relu'),
    MaxPooling1D(pool_size=2),
    Dropout(0.5),
    Flatten(),
    Dense(64, activation='relu'),


    Dropout(0.5),
    Dense(1, activation='sigmoid')  # Sigmoid activation for binary classification
])
```

Explicação:

Conv1D(32, kernel_size=3, activation='relu', input_shape=(X_train.shape[1], 1)):

Adiciona uma camada convolucional 1D com 32 filtros, cada um com um tamanho de kernel de 3. A função de ativação ReLU (Rectified Linear Unit) é aplicada para introduzir a não linearidade. O input_shape=(X_train.shape[1], 1) especifica a forma da entrada, em que X_train.shape[1] é o número de caraterísticas e 1 representa um único canal (uma vez que as CNNs esperam normalmente uma entrada 3D).

MaxPooling1D(pool_size=2):

Adiciona uma camada de pooling máximo com um tamanho de pool de 2. Esta camada reduz a dimensionalidade da saída da camada convolucional anterior, tomando o

valor máximo de cada conjunto de 2 unidades, o que ajuda a reduzir a amostragem dos dados e a complexidade computacional.

Desistência(0,5):

Adiciona uma camada de abandono com uma taxa de abandono de 50%. Durante o treino, esta camada define aleatoriamente 50% das unidades de entrada para 0 em cada passo de atualização, o que ajuda a evitar o sobreajuste, assegurando que o modelo não depende demasiado de nenhum neurónio em particular.

Conv1D(64, kernel_size=3, activation='relu'):

Adiciona outra camada convolucional 1D, desta vez com 64 filtros e um tamanho de kernel de 3. A função de ativação ReLU é aplicada para introduzir não-linearidade. Esta camada é semelhante à primeira camada convolucional, mas com mais filtros, o que permite capturar padrões mais complexos nos dados.

MaxPooling1D(pool_size=2):

Adiciona outra camada de pooling máximo com um tamanho de pool de 2, reduzindo ainda mais a dimensionalidade dos dados.

Desistência(0,5):

Adiciona outra camada de desistência com uma taxa de desistência de 50% para evitar ainda mais o sobreajuste.

Achatar():

Nivela a saída da camada anterior num vetor 1D, o que é necessário antes de passar os dados para as camadas totalmente ligadas (densas). O achatamento converte a matriz 2D dos mapas de caraterísticas num vetor 1D que pode ser utilizado como entrada para as camadas densas.

Dense(64, activation='relu'):

Adiciona uma camada totalmente ligada (densa) com 64 neurónios e ativação ReLU. Esta camada combina as caraterísticas aprendidas pelas camadas convolucional e de pooling para fazer previsões.

Desistência(0,5):

Adiciona outra camada de desistência com uma taxa de desistência de 50% para evitar ainda mais o sobreajuste.

Dense(1, activation='sigmoid'):

Adiciona a camada de saída com 1 neurónio e uma função de ativação sigmoide. A ativação sigmoide é adequada para tarefas de classificação binária porque produz uma probabilidade entre 0 e 1, que pode ser interpretada como a probabilidade da classe positiva (neste caso, se vai chover amanhã).

Compilar o modelo

model.compile(optimizer='adam', loss='binary_crossentropy', metrics=['accuracy'])

Explicação:

model.compile(...):

Compila o modelo com as seguintes configurações:

optimizer='adam': Especifica o optimizador Adam, que é uma escolha popular para treinar modelos de aprendizagem profunda. Ele ajusta a taxa de aprendizado dinamicamente com base no primeiro e segundo momentos dos gradientes.

loss='binary_crossentropy': Especifica a função de perda de crossentropia binária, que é normalmente utilizada para tarefas de classificação binária. Esta função de perda mede a diferença entre as probabilidades previstas e as etiquetas binárias efectivas.

metrics=['accuracy']: Especifica que a precisão será monitorizada como uma métrica de desempenho durante a formação e a avaliação. A precisão mede a percentagem de previsões corretas feitas pelo modelo.

Resumo do modelo

model.summary()

```
Model: "sequential"
```

Layer (type)	Output Shape	Param #
conv1d (Conv1D)	(None, 65, 32)	128
max_pooling1d (MaxPooling1D)	(None, 32, 32)	0
dropout (Dropout)	(None, 32, 32)	0
conv1d_1 (Conv1D)	(None, 30, 64)	6,208
max_pooling1d_1 (MaxPooling1D)	(None, 15, 64)	0
dropout_1 (Dropout)	(None, 15, 64)	0
flatten (Flatten)	(None, 960)	0
dense (Dense)	(None, 64)	61,504
dropout_2 (Dropout)	(None, 64)	0
dense_1 (Dense)	(None, 1)	65

```
Total params: 67,905 (265.25 KB)
Trainable params: 67,905 (265.25 KB)
Non-trainable params: 0 (0.00 B)
```

Explicação:

model.summary():

Imprime um resumo do modelo, incluindo as camadas, as formas de saída e o número de parâmetros (pesos) em cada camada. Isto é útil para compreender a arquitetura do modelo e garantir que é construído como esperado.

5. Formação de modelos

Treinar o modelo e visualizar o processo de treino:

Treinar o modelo

history = model.fit(X_train, y_train, validation_data=(X_test, y_test), epochs=100, batch_size=32)

Explicação:

model.fit(...):

Treina o modelo com os dados de treino (X_train, y_train) e valida-o com os dados de teste (X_test, y_test).

validation_data=(X_test, y_test): Especifica os dados de validação que serão utilizados para avaliar o modelo no final de cada época.

epochs=100: Especifica o número de epochs, que é o número de passagens completas por todo o conjunto de dados de treinamento. O modelo será treinado para 100 épocas.

batch_size=32: Especifica o tamanho do lote, que é o número de amostras processadas antes de os parâmetros internos do modelo serem actualizados. Aqui, serão processadas 32 amostras de cada vez.

Visualizar o processo de formação

import matplotlib.pyplot as plt

plt.plot(history.history['loss'], label='Training Loss')

plt.plot(history.history['val_loss'], label='Validation Loss')

plt.plot(history.history['accuracy'], label='Training Accuracy')

plt.plot(history.history['val_accuracy'], label='Validation Accuracy')

plt.title('Model Loss and Accuracy')

plt.xlabel('Epoch')

plt.ylabel('Loss/Accuracy')

plt.legend()

plt.show()

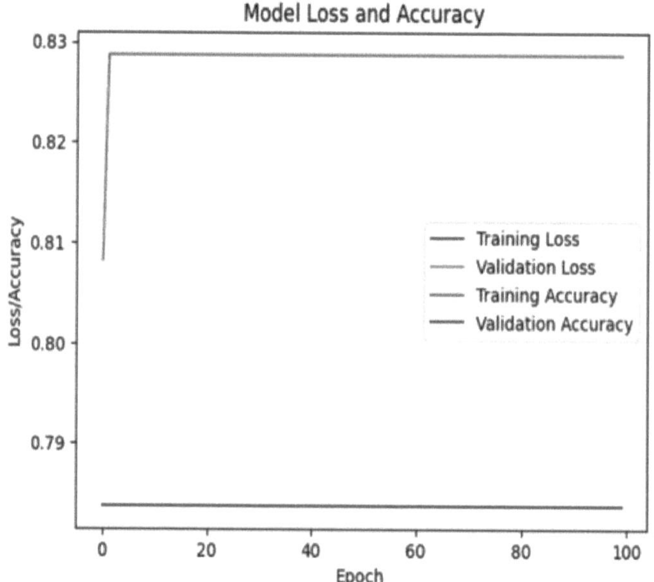

Explicação:

importar matplotlib.pyplot as plt:

Importa o módulo matplotlib.pyplot, que é utilizado para criar visualizações estáticas, animadas e interactivas em Python.

plt.plot(...):

Plota a perda e a precisão do treino e da validação ao longo das épocas.

history.history['loss']: Recupera os valores de perda de treino do objeto history, que armazena o histórico de treino.

history.history['val_loss']: Recupera os valores de perda de validação.

history.history['accuracy']: Recupera os valores de precisão do treinamento.

history.history['val_accuracy']: Recupera os valores de precisão da validação.

plt.title(...), plt.xlabel(...), plt.ylabel(...), plt.legend(), plt.show():

Estas funções definem o título, as etiquetas, a legenda e apresentam o gráfico, respetivamente.

Este bloco de código visualiza a forma como a perda e a precisão mudam durante o treino, o que ajuda a compreender até que ponto o modelo está a aprender bem e se está a ser ajustado em excesso ou em falta.

6. Avaliação do modelo

Avaliar o desempenho do modelo nos dados de teste:

Avaliar o modelo

loss, accuracy = model.evaluate(X_test, y_test)

print(f"Test Accuracy: {accuracy}")

Explicação:

model.evaluate(X_test, y_test):

Avalia o desempenho do modelo no conjunto de teste (X_teste, y_teste).

perda, exatidão: A função evaluate devolve a perda e a precisão do modelo no conjunto de teste.

print(f "Precisão do teste: {precisão}"):

Imprime a precisão do modelo no conjunto de teste, dando uma indicação de quão bem o modelo generaliza para dados não vistos.

Prever com dados de teste

y_pred = (model.predict(X_test) > 0.5).astype("int32")

Explicação:

model.predict(X_test):

Utiliza o modelo treinado para fazer previsões no conjunto de teste. O resultado é uma probabilidade entre 0 e 1 para cada amostra.

(model.predict(X_test) > 0.5).astype("int32"):

Converte as probabilidades previstas em previsões binárias. Se a probabilidade for superior a 0,5, a previsão é 1 (indicando que vai chover amanhã); caso contrário, é 0. O astype("int32") garante que as previsões são armazenadas como números inteiros (0 ou 1).

Opcional: visualizar os valores actuais vs. previstos (para classificação binária)

plt.scatter(y_teste, y_pred)

plt.xlabel('Atual')

plt.ylabel('Previsto')

plt.title('Atual vs Previsto')

plt.show()

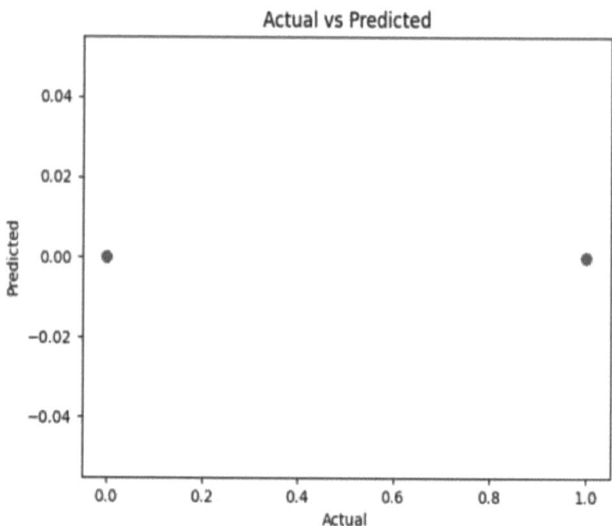

Explicação:

plt.scatter(y_test, y_pred):

Cria um gráfico de dispersão em que o eixo x representa os valores reais (y_test) e o eixo y representa os valores previstos (y_pred). Essa visualização ajuda a ver a correlação entre os resultados reais e as previsões do modelo. Para a classificação binária, o ideal seria ver pontos agrupados em torno de (0, 0) e (1, 1) se o modelo estiver a ter um bom desempenho.

plt.xlabel('Atual'):

Define o rótulo do eixo x como "Atual", indicando que o eixo x representa os valores reais.

plt.ylabel('Previsto'):

Define o rótulo do eixo y como "Previsto", indicando que o eixo y representa os valores previstos pelo modelo.

plt.title('Atual vs Previsto'):

Define o título do gráfico como "Atual vs Previsto", descrevendo a relação que está a ser visualizada.

plt.show():

Exibe o gráfico. Isto é útil para avaliar visualmente até que ponto as previsões do modelo correspondem aos resultados reais.

7. Otimização do modelo

Explorar técnicas adicionais, como o abandono e a afinação de hiperparâmetros:

Exemplo: Ajustar a taxa de desistência e afinar o número de épocas

```python
model = Sequential([

    Conv1D(32, kernel_size=3, activation='relu', input_shape=(X_train.shape[1], 1)),

    MaxPooling1D(pool_size=2),

    Dropout(0.3),

    Conv1D(64, kernel_size=3, activation='relu'),

    MaxPooling1D(pool_size=2),

    Dropout(0.3),


    Flatten(),

    Dense(64, activation='relu'),

    Dropout(0.3),

    Dense(1, activation='sigmoid')

])
```

Explicação:

Este bloco de código define uma versão modificada do modelo CNN com uma taxa de abandono diferente (0,3 em vez de 0,5). O ajuste das taxas de desistência, taxas de aprendizagem, tamanhos de lote e outros hiperparâmetros faz parte da otimização do modelo, em que são testadas diferentes configurações para obter um melhor desempenho.

O resto do código permanece praticamente o mesmo, com camadas convolucionais seguidas de camadas de pooling e dropout máximas, e uma camada de saída densa com uma função de ativação sigmoide para classificação binária.

```python
# Compilar e treinar o modelo


model.compile(optimizer='adam', loss='binary_crossentropy', metrics=['accuracy'])

model.fit(X_train, y_train, validation_data=(X_test, y_test), epochs=150, batch_size=32)
```

Explicação:

model.compile(...) e model.fit(...) seguem o mesmo padrão explicado anteriormente, mas com hiperparâmetros potencialmente ajustados (por exemplo, aumento de épocas) para ver se o desempenho do modelo melhora com essas alterações.

8. Implantação

Gravação do modelo para implantação:

\# Guardar o modelo

model.save('cnn_weather_prediction_model.h5')

Explicação:

model.save('cnn_weather_prediction_model.h5'):

Salva o modelo treinado em um arquivo chamado cnn_weather_prediction_model.h5. O formato de arquivo .h5 é comumente usado para armazenar modelos Keras, incluindo a arquitetura, os pesos e a configuração de treinamento (otimizador, perda, métricas).

Salvar o modelo é crucial para a implantação, pois permite reutilizar o modelo treinado sem a necessidade de treiná-lo novamente. Isso é particularmente útil ao implantar o modelo em um ambiente de produção, onde ele pode ser carregado e usado para fazer previsões em novos dados.

\# Para carregar o modelo mais tarde:

\# loaded_model = tf.keras.models.load_model('cnn_weather_prediction_model.h5')

Explicação:

loaded_model = tf.keras.models.load_model('cnn_weather_prediction_model.h5'):

Esta linha de código (comentada por agora) mostra como pode recarregar o modelo guardado a partir do ficheiro .h5. Isso é útil quando se deseja usar o modelo para inferência ou treinamento adicional sem retreinamento do zero.

Implementação do projeto na RNN

1. Definir o problema

Objetivo:

O objetivo é prever se vai chover amanhã (coluna RainTomorrow) utilizando uma Rede Neuronal Recorrente (RNN).

2. Recolha de dados

Carregar o conjunto de dados:

importar pandas como pd

Carregar o conjunto de dados

```python
file_path = '/content/weather.csv'

df = pd.read_csv(file_path)
# Display the first few rows of the dataset
df.head()
```

Explicação:

import pandas as pd: Importa a biblioteca Pandas para manipulação de dados.

df = pd.read_csv(file_path): Loads the dataset into a Pandas DataFrame df.

df.head(): Exibe as primeiras cinco linhas do DataFrame para entender a estrutura de dados.

3. Pré-processamento de dados

Tratamento de valores em falta, codificação da variável-alvo, codificação de variáveis categóricas e divisão dos dados:

```python
from sklearn.model_selection import train_test_split
from sklearn.preprocessing import StandardScaler
# Fill missing values
df['Sunshine'].fillna(df['Sunshine'].mean(), inplace=True)

df['WindGustDir'].fillna(df['WindGustDir'].mode()[0], inplace=True)

df['WindGustSpeed'].fillna(df['WindGustSpeed'].mean(), inplace=True)

df['WindDir9am'].fillna(df['WindDir9am'].mode()[0], inplace=True)


df['WindDir3pm'].fillna(df['WindDir3pm'].mode()[0], inplace=True)
# Converter a variável alvo de categórica para numérica
```

y = df['RainTomorrow'].map({'No': 0, 'Yes': 1})

Separate features and target variable

X = df.drop(columns=['RainTomorrow'])

Encode categorical variables

X = pd.get_dummies(X)

Dividir os dados em conjuntos de treino e de teste

X_train, X_test, y_train, y_test = train_test_split(X, y, test_size=0.2, random_state=42)

Normalizar as caraterísticas

scaler = StandardScaler()

X_train = scaler.fit_transform(X_train)

X_test = scaler.transform(X_test)

Reshape the data to fit into the RNN

X_train = X_train.reshape(X_train.shape[0], X_train.shape[1], 1)

X_test = X_test.reshape(X_test.shape[0], X_test.shape[1], 1)

Explicação:

train_test_split: Divide os dados em conjuntos de treino e de teste.

StandardScaler: Normaliza as caraterísticas para que tenham uma média de 0 e um desvio padrão de 1.

X_train = X_train.reshape(...): Reformula os dados para que sejam 3D, o que é necessário para RNNs. A forma passa a ser (samples, timesteps, features), em que timesteps corresponde ao número de features em cada amostra.

4. Seleção do modelo

Definição da RNN:

```python
import tensorflow as tf

from tensorflow.keras.models import Sequential

from tensorflow.keras.layers import SimpleRNN, Dense, Dropout

# Definir o modelo

model = Sequential([

    SimpleRNN(50, activation='relu', input_shape=(X_train.shape[1], 1)),

    Dropout(0.2),

    Dense(25, activation='relu'),

    Dropout(0.2),

    Dense(1, activation='sigmoid')

])
```

Explicação:

SimpleRNN(50, activation='relu', input_shape=(X_train.shape[1], 1)):

Adiciona uma camada RNN simples com 50 unidades e ativação ReLU. O input_shape é definido como (timesteps, features), que corresponde a (X_train.shape[1], 1) neste caso.

Dropout(0.2): Adiciona uma camada de desistência com uma taxa de desistência de 20% para reduzir o sobreajuste.

Dense(25, activation='relu'): Adiciona uma camada totalmente conectada com 25 neurónios e ativação ReLU.

Dense(1, ativação='sigmoid'): Adiciona a camada de saída com 1 neurónio e ativação sigmoide, adequada para classificação binária

```python
# Compilar o modelo

model.compile(optimizador='adam', perda='binary_crossentropy', métricas=['precisão'])

# Resumo do modelo

model.summary()
```

```
Model: "sequential"
```

Layer (type)	Output Shape	Param #
simple_rnn (SimpleRNN)	(None, 50)	2,600
dropout (Dropout)	(None, 50)	0
dense (Dense)	(None, 25)	1,275
dropout_1 (Dropout)	(None, 25)	0
dense_1 (Dense)	(None, 1)	26

```
Total params: 3,901 (15.24 KB)
Trainable params: 3,901 (15.24 KB)
Non-trainable params: 0 (0.00 B)
```

Explicação:

model.compile(...): Compila o modelo com o optimizador Adam, perda de entropia cruzada binária (adequada para classificação binária) e precisão como métrica.

model.summary(): Apresenta um resumo da arquitetura do modelo.

5. Formação de modelos

Treinar o modelo e visualizar o processo de treino:

Treinar o modelo

history = model.fit(X_train, y_train, validation_data=(X_test, y_test), epochs=50, batch_size=32)

Explicação:

model.fit(...): Treina o modelo nos dados de treinamento, validando-o nos dados de teste. O modelo será treinado por 50 épocas com um tamanho de lote de 32.

Visualizar o processo de formação

```python
import matplotlib.pyplot as plt

plt.plot(history.history['loss'], label='Training Loss')

plt.plot(history.history['val_loss'], label='Validation Loss')

plt.plot(history.history['accuracy'], label='Training Accuracy')

plt.plot(history.history['val_accuracy'], label='Validation Accuracy')

plt.title('Model Loss and Accuracy')

plt.xlabel('Epoch')

plt.ylabel('Loss/Accuracy')

plt.legend()

plt.show()
```

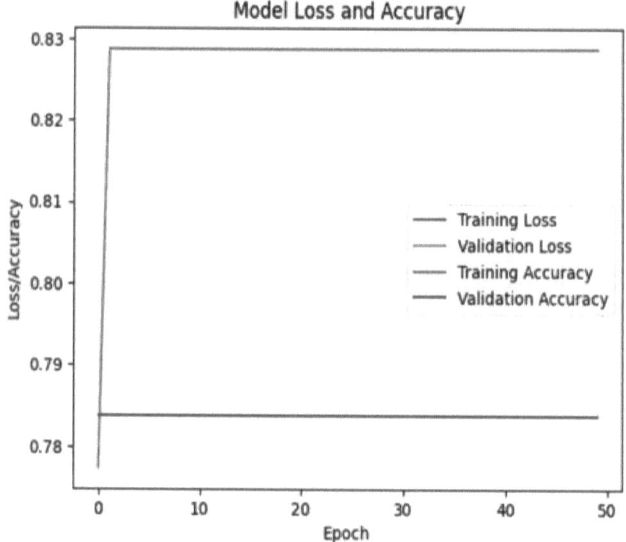

Explicação:

Traça a perda e a precisão do treinamento e da validação ao longo das épocas, ajudando a visualizar o grau de aprendizado do modelo e se ele está se ajustando demais ou de menos.

6. Avaliação do modelo

Avaliar o desempenho do modelo nos dados de teste:

Avaliar o modelo

loss, accuracy = model.evaluate(X_test, y_test)

print(f"Test Accuracy: {accuracy}")

Explicação:

model.evaluate(X_test, y_test): Avalia o modelo no conjunto de teste, retornando a perda e a precisão.

print(f "Precisão do teste: {precisão}"): Imprime a precisão do modelo no conjunto de teste.

Prever com dados de teste

y_pred = (model.predict(X_test) > 0.5).astype("int32")

Explicação:

Converte as probabilidades previstas em previsões binárias (0 ou 1).

Opcional: visualizar os valores reais versus os valores previstos

plt.scatter(y_test, y_pred)

plt.xlabel('Actual')

plt.ylabel('Predicted')

plt.title('Actual vs Predicted')

plt.show()

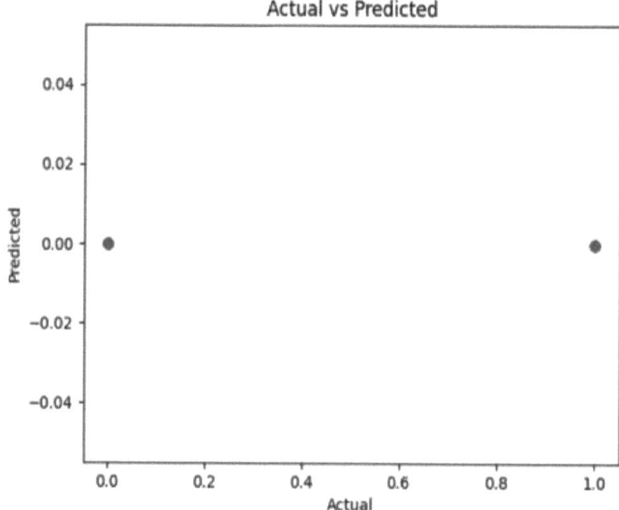

Explicação:

Cria um gráfico de dispersão para visualizar a relação entre os valores reais e previstos.

7. Otimização do modelo

Exploração de técnicas adicionais como o abandono e a afinação de hiperparâmetros:

Exemplo: Afinação da taxa de desistência e do número de épocas

```python
model = Sequential([

    SimpleRNN(50, activation='relu', input_shape=(X_train.shape[1], 1)),

    Dropout(0.3),

    Dense(25, activation='relu'),


Dropout(0.3),

    Dense(1, activation='sigmoid')

])


# Compilar e treinar o modelo

model.compile(optimizer='adam', loss='binary_crossentropy', metrics=['accuracy'])

model.fit(X_train, y_train, validation_data=(X_test, y_test), epochs=100, batch_size=32)
```

Explicação:

Este bloco ajusta as taxas de desistência e treina durante mais épocas para ver se o desempenho melhora.

8. Implantação

Gravação do modelo para implantação:

```python
# Guardar o modelo

model.save('rnn_weather_prediction_model.h5')

# To load the model later:

# loaded_model = tf.keras.models.load_model('rnn_weather_prediction_model.h5')
```

Referências

1. Abadi, M., et al. (2016). "TensorFlow: um sistema para aprendizagem automática em grande escala". *OSDI*.
2. Bengio, Y. (2009). "Aprendizagem de arquitecturas profundas para IA". *Foundations and Trends in Machine Learning (Fundamentos e Tendências da Aprendizagem Automática)*.
3. Bishop, C. M. (2006). *Reconhecimento de padrões e aprendizagem automática*. Springer.
4. Chollet, F. (2018). *Aprendizagem profunda com Python*. Publicações Manning.
5. Deng, L., & Yu, D. (2014). "Aprendizagem profunda: Métodos e Aplicações". *Fundamentos e Tendências em Processamento de Sinais*.
6. Goodfellow, I., Bengio, Y., & Courville, A. (2016). *Aprendizagem profunda*. MIT Press.
7. Hochreiter, S., & Schmidhuber, J. (1997). "Memória de longo prazo de curto prazo". *Neural Computation*.
8. Krizhevsky, A., Sutskever, I., & Hinton, G. E. (2012). "Classificação ImageNet com redes neurais convolucionais profundas". *NeurIPS*.
9. LeCun, Y., Bengio, Y., & Hinton, G. (2015). "Aprendizagem profunda". *Natureza*.
10. Mnih, V., et al. (2015). "Controlo ao nível humano através da aprendizagem por reforço profundo". *Natureza*.
11. Olah, C. (2018). "Os blocos de construção da interpretabilidade". *Destilar*.
12. Rumelhart, D. E., Hinton, G. E., & Williams, R. J. (1986). "Aprendendo representações por erros de retropropagação". *Nature*.
13. Simonyan, K., & Zisserman, A. (2015). "Redes convolucionais muito profundas para reconhecimento de imagens em grande escala". *ICLR*.
14. Silver, D., et al. (2016). "Dominando o jogo de Go com redes neurais profundas e pesquisa em árvore". *Nature*.
15. Smola, A. J., & Schölkopf, B. (2004). "A Tutorial on Support Vetor Regression". *Statistics and Computing*.
16. Srivastava, N., et al. (2014). "Desistência: Uma maneira simples de evitar que as redes neurais se ajustem demais". *Journal of Machine Learning Research*.
17. Sutton, R. S., & Barto, A. G. (2018). *Aprendizagem por reforço: Uma introdução*. MIT Press.
18. Vaswani, A., et al. (2017). "Atenção é tudo o que você precisa". *NeurIPS*.
19. Zeiler, M. D., & Fergus, R. (2014). "Visualizando e entendendo redes convolucionais". *ECCV*.
20. Zhang, H., et al. (2018). "Redes adversárias geradoras de auto-atenção". *ICML*.
21. Zhang, Y., et al. (2018). "Aprendizagem mútua profunda". *CVPR*.
22. Zhou, Z.-H. (2012). *Ensemble Methods: Foundations and Algorithms*. Chapman & Hall/CRC.
23. Lipton, Z. C. (2016). "O mito da interpretabilidade do modelo". *pré-impressão arXiv*.
24. Doshi-Velez, F., & Kim, B. (2017). "Rumo a uma ciência rigorosa do aprendizado de máquina interpretável." *pré-impressão arXiv*.
25. Ribeiro, M. T., Singh, S., & Guestrin, C. (2016). "Porque devo confiar em si? Explicando as previsões de qualquer classificador". *KDD*.
26. Lundberg, S. M., & Lee, S. I. (2017). "Uma abordagem unificada para interpretar as previsões do modelo". *NeurIPS*.
27. Shapley, L. S. (1953). "Um valor para jogos de N pessoas". *Contribuições para a Teoria dos Jogos*.

28. Kingma, D. P., & Welling, M. (2014). "Bayes variacional de codificação automática". *ICLR.*

29. Tishby, N., & Zaslavsky, N. (2015). "Aprendizagem profunda e o princípio do gargalo da informação". *ITW.*

30. Xu, K., et al. (2015). "Mostrar, assistir e contar: geração de legendas de imagens neurais com atenção visual". *ICML.*

31. Schmidhuber, J. (2015). "Aprendizagem profunda em redes neurais: Uma visão geral". *Redes Neurais.*

32. Kundu, S., & Ghose, D. (2020). "IA explicável para condução autónoma: Uma pesquisa abrangente". *Acesso IEEE.*

33. Gilpin, L. H., et al. (2018). "Explicando explicações: Uma visão geral da interpretabilidade do aprendizado de máquina." *arXiv preprint.*

34. Samek, W., Wiegand, T., & Müller, K.-R. (2017). "Inteligência Artificial Explicável: Compreender, visualizar e interpretar modelos de aprendizagem profunda." *arXiv preprint.*

35. Chen, J., et al. (2018). "Aprendendo a explicar: Uma perspetiva teórica da informação sobre a interpretação do modelo". *ICML.*

36. Zhang, Q., et al. (2018). "Redes neurais convolucionais interpretáveis". *CVPR.*

37. Arrieta, A. B., et al. (2020). "Inteligência Artificial Explicável (XAI): Conceitos, taxonomias, oportunidades e desafios para uma IA responsável". *Fusão de Informação.*

38. Caruana, R., et al. (2015). "Modelos inteligentes para cuidados de saúde: Predicting Pneumonia Risk and Hospital 30-Day Readmission". *KDD.*

39. Lipton, Z. C., & Steinhardt, J. (2018). "Tendências preocupantes na bolsa de estudos de aprendizado de máquina." *pré-impressão arXiv.*

40. Varshney, K. R. (2019). *Aprendizagem de máquinas fiável.* Addison-Wesley.

41. Molnar, C. (2022). *Aprendizagem automática interpretável: Um guia para tornar os modelos de caixa preta explicáveis.* Publicado de forma independente.

42. Montavon, G., Samek, W., & Müller, K.-R. (2018). "Métodos para interpretar e compreender redes neurais profundas". *Processamento de sinal digital.*

43. Yang, G., et al. (2020). "IA explicável para imagens médicas: Uma estrutura de aprendizado profundo para diagnóstico de câncer". *Acesso IEEE.*

44. Gunning, D., & Aha, D. W. (2019). "Programa de Inteligência Artificial Explicável da DARPA". *Revista AI.*

45. Garreau, D., & von Luxburg, U. (2020). "Explicando o explicador: Uma primeira análise teórica do LIME." *NeurIPS.*

46. Montavon, G., et al. (2017). "Explicando decisões de classificação não linear com decomposição profunda de Taylor". *Reconhecimento de padrões.*

47. Wachter, S., et al. (2017). "Explicações contrafactuais sem abrir a caixa preta: Decisões automatizadas e o GDPR". *Harvard Journal of Law & Technology.*

48. Doshi-Velez, F., et al. (2017). "Responsabilidade da IA sob a lei: The Role of Explanation." *arXiv preprint.*

49. Koh, P. W., & Liang, P. (2017). "Entendendo previsões de caixa preta por meio de funções de influência". *ICML.*

50. LeCun, Y. (1989). "Generalização e estratégias de design de rede". *Escola de verão de Modelos Conexionistas.*

Printed by Books on Demand GmbH, Norderstedt / Germany